中国传统民居系列图册

福建民居

高钤明　王乃香　陈　瑜

中国建筑工业出版社

总　序

　　20 世纪 80 年代,《中国传统民居系列图册》丛书出版,它包含了部分省(区)市的乡镇传统民居现存实物调查研究资料,其中文笔描述简炼,照片真实优美,作为初期民居资料丛书出版至今已有三十年了。

　　回顾当年,正是我国十一届三中全会之后,全国人民意气奋发,斗志昂扬,正掀起社会主义建设高潮。建筑界适应时代潮流,学赶先进,发扬优秀传统,努力创新。出版社正当其时,在全国进行调研传统民居时际,抓紧劳动人民在历史上所创造的优秀民居建筑资料,准备在全国各省(区)市组织出书,但因民居建筑属传统文化范围,当时在全国并不普及,只能在建筑科技教学人员进行调查资料较多的省市地区先行出版,如《浙江民居》、《吉林民居》、《云南民居》、《福建民居》、《窑洞民居》、《广东民居》、《苏州民居》、《上海里弄民居》、《陕西民居》、《新疆民居》等。

　　民居建筑是我国先民劳动创造最先的建筑类型,历数千年的实践和智慧,与天地斗,与环境斗,从而创造出既实用又经济美观的各族人民所喜爱的传统民居建筑。由于实物资料是各地劳动人民所亲自创造的民居建筑,如各种不同的类型和组合,式样众多,结构简洁,构造合理,形象朴实而丰富。所调查的资料,无论整体和局部,都非常翔实、丰富。插图绘制清晰,照片黑白分明而简朴精美。出版时,由于数量不多,有些省市难于买到。

　　《中国传统民居系列图册》出版后,引起了建筑界、教育界、学术界的注意和重视。在学校,过去中国古代建筑史教材中,内容偏向于宫殿、坛庙、陵寝、苑囿,现在增加了劳动人民创造的民居建筑内容。在学术界,研究建筑的单纯建筑学观念已被打破,调查民居建筑必须与社会、历史、人文学、民族、民俗、考古学、艺术、美学和气象、地理、环境学等学科联系起来,共同进行研究,才能比较全面、深入地理解传统民居的历史、文化、

经济和建筑全貌。

其后，传统民居也已从建筑的单体向群体、聚落、村落、街镇、里弄、场所等族群规模更大的范围进行研究。

当前，我国正处于一个伟大的时代，是习近平主席提出的中华民族要实现伟大复兴的中国梦时代。我国社会主义政治、经济、文化建设正在全面发展和提高。建筑事业在总目标下要创造出有国家、民族特色的社会主义新建筑，以满足各族人民的需求。

优秀的建筑是时代的产物，是一个国家、民族在该时代社会、政治、经济、文化的反映。建筑创作表现有国家、民族的特色，这是国家、民族尊严、独立、自信的象征和表现，也是一个国家、一个民族在政治、经济和文化上成熟、富强的标帜。

优秀的建筑创作要表现时代的、先进的技艺，同时，要传承国家、民族的传统文化精华。在建筑中，中国古建筑蕴藏着优秀的文化精华是举世闻名的，但是，各族人民自己创造的民居建筑，同样也是我国民间建筑中不可忽视和宝贵的文化财富。过去已发现民居建筑的价值，如因地制宜、就地取材、合理布局、组合模数化的经验，结合气候、地貌、山水、绿化等自然条件的创作规律与手法。由于自然、人文、资源等基础条件的差异，形成各地民居组成的风貌和特色的不同，把规律、经验总结下来加以归纳整理，为今天建筑创新提供参考和借鉴。

今天在这大好时际，中国建筑工业出版社出版《中国传统民居系列图册》，实属传承优秀建筑文化的一件有益大事。愿为建筑创新贡献一份心意，也为实现中华民族伟大复兴的中国梦贡献一份力量。

陆元鼎

2017 年 7 月

前　言

　　我国传统民居建筑，历史悠久，遍布全国各地。无论是繁华的城市，抑或偏僻的乡村，传统民居建筑都因地制宜，深深地扎根于民间，世代相沿，源远流长。它们广泛地集中了民间的传统营建经验，强烈地显示了各地的地方特色，成为广大群众喜爱的生活场所。这些千差万别、瑰丽多姿的民居建筑，是我国古代建筑遗产中的一份宝贵财富，也是当今建造新住宅时可资借鉴的源泉。

　　福建民居作为我国传统民居建筑的一个重要组成部分，在平面布局、结构体系、外部造型以及细部装饰等方面，既保持中轴线对称、院落组合、木构承重体系和坡屋顶等我国汉族传统民居建筑的共同特征，又由于福建所处的自然、地理、社会、经济、文化等方面的特殊条件的影响，而逐渐形成自己独特的地方风格，在我国民居建筑中独树一帜。

　　福建传统民居，多年来引起了我国建筑界的广泛注意和兴趣，对初次入闽者来说这种感觉尤为突出。饱览了丰富多彩的福建各地民居，顿觉耳目一新，常常使人惊叹不已。现存的以明清两代为主的福建民居，不仅有规模宏大的"尚书第"、"大夫第"、"进士第"等大型府第，也有聚族而居、粗犷雄伟的巨型"土楼"，还有不少依山傍水、活泼自由、点缀在山坳林间、幽谷溪畔、空间体形极富变化的民间小舍，以及环境秀丽、地形高低起伏，富有乡土气息的群体村落。这些都是我们研究民居建筑，继承民族遗产的宝贵资源。福建民居的某些独特的布局形式及营建手法，至今在许多地区新建住宅时，仍被沿袭使用。在旅游事业蓬勃发展的今天，不少风景优美的地方，急待建造大批具有当地特色的服务设施。因此，整理研究传统民居，对于促进今天广大农村住宅的建设，以及旅游事业的发展，都具有一定的现实意义。

　　作者对福建省五十多个市、县、镇、村的部分民居建筑，进行过多次考察，在此基础上经过整理、提炼、辑成此书，以飨读者。本书拟从福建的自然、历史、社会概况，民居的群体组合，建筑布局，空间处理，结构、外部造型以及细部装饰等方面分别介绍。

文中并附有大量实例图录，使读者能够较全面地了解福建民居的概貌。

由于民居建筑遍布全省，而时间、条件有限，不免挂一漏万，加之水平所限，错误在所难免，尚希读者指正。

在收集资料及调查测绘过程中，曾得到福建省、市、县、乡、村等各有关单位及当地住户的大力协助，特在此一并申谢。

本书前言、第一、三、四章由高钤明执笔，第二、五、六章由王乃香执笔，第七章主要由陈瑜绘制。

调查、测绘由陈瑜、王乃香、高钤明共同进行。

目　录

第一章

福建民居形成的自然、历史和社会条件

福建地处我国东南沿海，背靠祖国大陆，面向台湾海峡，北部与浙江省为邻，西部与江西省接壤，南部与广东省毗连，东临东海、南海与台湾省遥遥相望。全省山峦起伏，溪流纵横，山地与丘陵占全省总面积的80%以上，素有"八山一水一分田"之称。著名的风景名山武夷山脉蜿蜒于闽赣边界，还有杉岭、鹫峰、戴云、博平岭、太姥等六条山脉，分布全省。福建的河流属山地性河流，季节变化大，水流湍急，多峡谷险滩。全省长度在20公里以上的水系共三十七条，主流又多与山脉走向垂直，造成地形变化多端，历史上长期交通不便，地区之间交往甚少。因此，全省各地民居建筑，多因地制宜，自成传统，没有完全统一的固定程式（图1）。

福建民居的地区差别，还与其历史原因有关。

袁家骅先生主编的《汉语方言概要》一书说："中原人民迁移入闽的过程，大概始自秦汉，盛于晋唐，而以宋为极。"据《八闽纵横》记载，中原汉人有多次大规模的迁徙入闽。第一次是在东晋时，即历史上的"衣冠南渡"。这次入闽的中原汉人多定居在建溪、富屯溪流域及闽江下游和晋江流域，据传"晋江"即由此得名。第二次大规模入闽是唐武后时期，李唐王朝派遣河南光州固始县人陈政、陈元光父子为首的一百二十三个将领南下"征蛮"，随后就定居在漳州一带。唐朝末年，中国陷入封建割据状态，河南人王审知及其兄乘乱起兵，带领大批人马南下入闽，统治福建全境，成为历史上闽国的创始者，这批人即长期占据

福州。客家先人起初居住于并州、豫州、司州等地，东晋时，迫于战乱，向南迁徙，远者达江西中部。唐末黄巢起义，为避乱再次南迁，一部分到达闽西的宁化、汀州、上杭、永定一带。这次入闽的人很多，逐渐成为当地的主要居民。宋末明初，客家人第三次迁徙，到达赣南、粤北、粤东一带。

入闽的人来自中原的不同地区，到福建后，又在不同地区定居下来，他们带来的中原传统建筑特色，直接影响着当地的民居建筑。这种影响，又由于地区之间具体情况的不同，而出现很大差异。在沿海地带，当时社会安定、经济繁荣，南迁的汉人又掌握了当地的政权，因此无论在城池的拓建、街坊的划分、建筑的布局和形式等方面，都明显可见中原传统形式的影响。在民居建筑中，吸收了四合院民居的布局形式，中轴对称，建筑空间也相对低矮开敞。

南迁到闽西的中原人，后来称为"客家"。虽然他们在风俗语言上，长期保持着很多中原一带的特点，但因这里山高林密，常有盗匪出没，加之土、客居民之间时有出现的争斗等原因，安全防范成为建造民居的一个重要原则，这就形成了聚族而居、营建集体住宅的传统。永定地区封闭而雄伟的大型土楼，就是典型的代表。这是福建各地民居建筑差别较大的又一个原因。

然而在福建的边缘地区，却常常由于历史原因或地理条件，形成与邻省相同或相似风格的民居建筑。比如，闽南与粤北、赣南；闽西和赣东等地都是这种情况。多层密

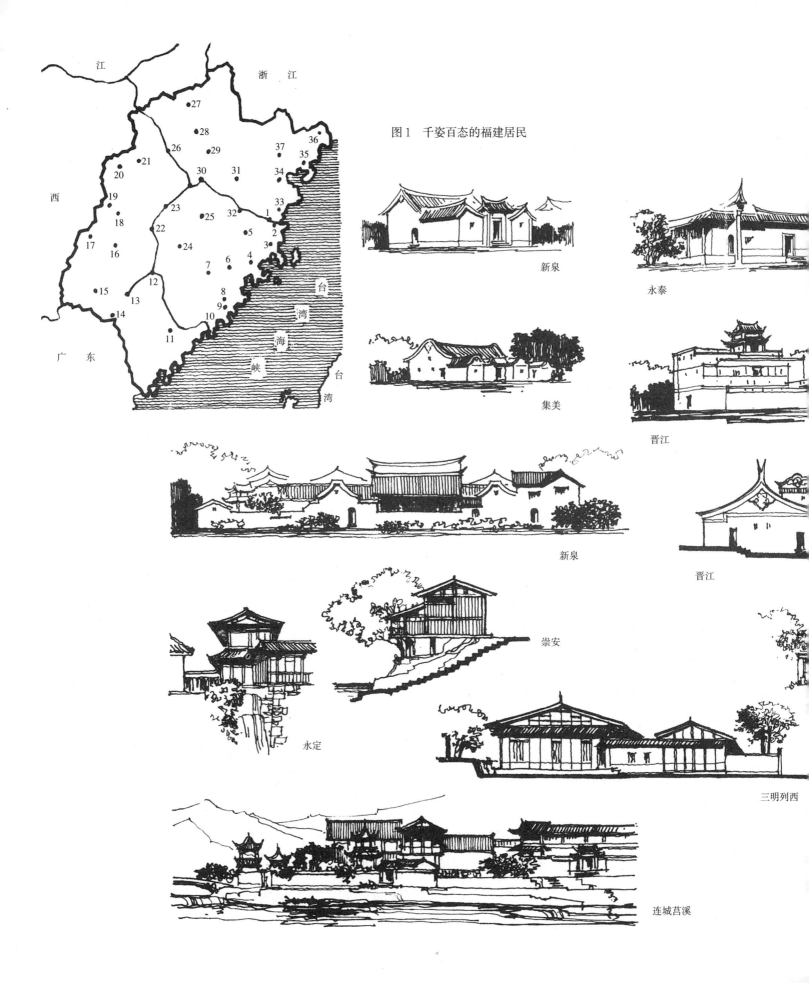

图1　千姿百态的福建居民

新泉

永泰

集美

晋江

新泉

晋江

崇安

永定

三明列西

连城莒溪

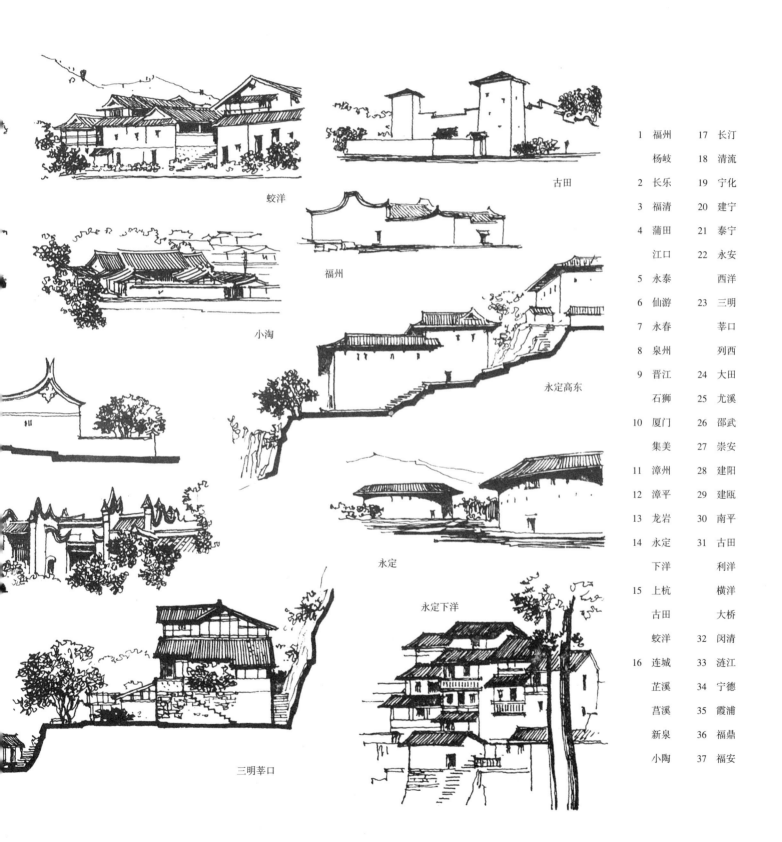

蛟洋

古田

小淘

福州

永定高东

永定

永定下洋

三明莘口

图2 福建永定下洋民居

图3 广东茶阳民居

集式民居就并存于福建的下洋与广东的茶阳（图2、图3）；大型土楼民居则分布在闽西的永定、上杭及广东的大埔等地；闽西北崇安地区的民居与江西上饶地区的民居也很类似；特别是福建和台湾民居建筑之间的渊源关系尤为密切。

据史料记载，在1644年时，由大陆移居台湾的共有3万户，10万人（主要是闽粤人）。在1661～1662年间，郑成功率兵从福建启航，把荷兰侵略者赶出台湾之时，又有大批福建人入台，使福建和台湾之间本来就十分密切的文化交流、人员往来，进入了一个新的发展阶段。加之清朝康熙以来，台湾与福建合治达二百年之久，直至光绪十一年（1885年）才分设台湾省，使福建和台湾在社会生活的各个方面，如语言、服饰、饮食习惯、社交礼节、婚丧仪式、民间艺术、宗教信仰等都具有许多共同之处。

在民居建筑方面这种相似的情况也十分明显。比如福建长泰县江都村，原称江都寨。这里的居民自明朝以来陆续迁移到台南附近，出于眷恋故土的情感，他们在台南、双溪等地建造了一些式样同江都寨故居完全一样的住房，并用故乡的郭垵、圳古头、石仑、溪州等村名来命名这里

的地方。类似的例子比比皆是。据统计，在台湾的八十六个旧地名中，就有五十一个来源于福建。

台湾不少地区的民居与闽南沿海如晋江、泉州、蒲田等地的民居，无论在平面布局、屋脊起翘乃至细部装饰等方面都很相似（图4、图5）。《台湾传统建筑之勘察》一书中也说，台湾南方的传统建筑是随着17世纪初期自福建迁来的居民移植到台湾的。

福建位于北纬23°30′～28°22′之间，紧靠北回归线，太阳光照强烈，但因背山面海，在季风、台风等的影响下，雨量充沛，年平均降雨高达1200～2000毫米，因此气温并不很高。全省各地的年平均气温为14.6～21.3℃，气候温暖湿润。

这种温湿气候，很适宜亚热带森林的生长。全省有相当大的部分为森林所覆盖，据统计林地约二万七千五百一十九平方公里，占全省土地面积的百分之二十二点九，是我国六大林区之一。福建全省树种繁多，其中有很多是优良的建筑材料，如松、杉、樟、楠等。丰富的森林资源，为福建民居建筑提供了充足优良的结构用材。

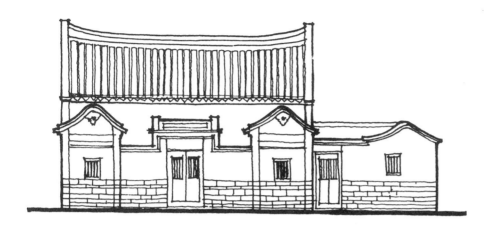

图 4　集美陈宅

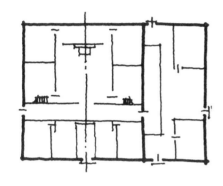

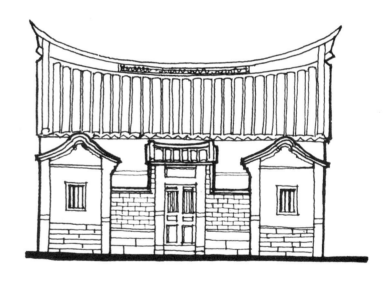

图 5　台北万华区周宅

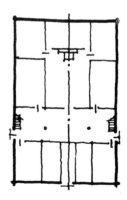

福建土壤以红壤、黄壤为主，山区土壤多适于夯实成墙。这种土筑墙，不仅坚固耐久，还有一定的防水性能。由于土墙可就地取材，比其他材料经济，因此被山区民居广泛用作外部围护结构，有的民居中甚至还将它用于承重结构。在许多建筑遗迹中，可以看到，虽经数百年的风雨侵蚀，其木构架已荡然无存或腐朽倒塌，而土墙却仍然比较完好。

至于竹、石、沙等一般用材，全省各地到处可得。

纵观福建大多数民居，常使人有柱高、梁大、墙厚、宅深之感，有的木柱竟高达八九米，梁枋长达七八米，有的土墙厚达二三米。这种房屋阴凉、宽敞，非常适合湿热气候下居民生活的需要。

丰富的天然资源，为福建人民建造多种多样的适宜于当地生活需要的民居建筑提供了优越的物质条件。

福建民居中，规模宏大、装饰华丽、具有较高艺术价值的大型府第楼宅，数量很多。特大型的宅第、土堡也屡见不鲜。有的占地面积达七千多平方米，建筑面积竟达六千九百平方米。这些建筑一般都集中反映了当地工匠们长期积累的丰富经验，技艺水平很高。

修建这样的民居，还需有雄厚的财力。在福建投资建造大型宅第者大致有三种人：一是富商；二是历代的达官贵人、社会名流；三是海外华侨。

福建地窄人稠，可耕地面积有限，农业不足以自给，但丰富的天然资源和人力资源，为商业、手工艺品生产的发展提供了极为有利的条件。

福建除盛产木材外，其他土特产品，诸如茶、果、烟、麻、菇，笋、银耳等山货以及竹、木、水产、畜产等，几乎全省各地都有出产。

福建的手工艺品如脱胎漆器、寿山石雕、木雕、软木画、瓷器、彩塑、彩扎、竹编、牙雕、刺绣、玉雕等等均有悠久的历史，并因其技艺的精湛，在国内外享有很高的声誉。福州的脱胎漆器，与北京的景泰蓝，江西景德镇的瓷器并列，被誉为中国传统工艺的"三宝"。其他如寿山石雕、木雕、软木画等都是我国重要的出口商品，行销二十多个国家和地区。

由于经商或经营手工艺品致富的人，是福建民间一支雄厚的经济力量。各地大型民居中，这些人的宅院都占相当大的比重。

许多手工技艺，还直接表现于民居建筑的内外檐装修上。晋江、泉州等地的民居中，栩栩如生的砖石雕刻，各地民居中梁枋、门、窗以及陈设家俱静处的精细木雕，墙面、地面的花砖，以及琉璃制品等，技艺水平都很高超，这显然是受手工业发达的影响。

福建又是历代达官显贵、文人学者汇集之地，素有"海滨邹鲁"之称。知名的历史人物有宋代四大书法家之一、撰写世界上最早果树栽培学名著"荔枝谱"的蔡襄，编写世界上第一部法医著作《洗冤集录》的郑樵，抗金名相李纲，生长在福建的一代名儒朱熹，明代抗倭名将张经、俞大猷，杰出的反封建思想家李贽，舍身取义的明末学者黄道周，收复台湾的民族英雄郑成功，近代反帝民族英雄林则徐，资产阶级改良主义思想家严复，以及宋以来尤其是明清两代曾任尚书、巡抚等官职的其他知名人物曹学佺、林瀚、庭棉、马森、李春烨、王任堪、廖鸿荃、翁正春、陈若林、叶向高、沈葆桢、林鸿年等。至今福建各地还保存有他们的旧居遗迹（图6、图7）、祠庙、陵墓、题刻手迹等。他们在建造家宅的同时，也常在当地修桥铺路，建造祠堂、庙宇，这对当地的民居建筑、村落面貌及建筑群体景观都产生了明显的影响。如有的城区即是过去官僚豪绅的大型府第云集之处，街区内坊巷划分整齐，白墙灰瓦，颇具江浙一带街区的风貌。宅院内装饰精美，格调高雅，反映了相当高的经济地位及文化水平。有的村落则集中了大量的宅第、村内高墙大院比肩，街道狭窄、曲折，形成了门禁森严的气氛。还有个别的大豪绅以数米厚的院墙围成大院，独踞一方，自成防御体系。

图 6　林则徐后代家宅

图 7　福州杨岐严复故居

福建还是我国著名的侨乡，始于汉朝的官民出国历史，源远流长。祖籍为福建的华侨，遍布世界九十多个国家和地区，其数量之大，仅次于广东，居全国第二位。据统计，福建全省旅外华侨及华裔外籍人，约有五六百万，占全国华侨及华裔外籍人总数的四分之一，也是全省总人口的四分之一。历来旅居海外的侨胞多在自己的家乡建造家宅、寺庙、祠堂，以耀祖光宗。

侨乡民居建筑，一般都既保持了当地的传统布局形式，在细部装饰方面又增添了旅居国家民居建筑的某些特色，这就又形成了一批独具风格的建筑类型。因此可以说，华侨也在经济和文化上影响了福建民居的发展，并成为促进民居繁荣的又一支重要力量。

此外，由于宗法礼教思想的影响，过去敬神祭祖的习俗在民间扎根很深。每逢节日，家家都要举行祭祀活动。即使平日，在家祠、庙宇中也常常香烟缭绕。因此，以敬神、求签、祭祖为主要场所的家祠、庙宇遍及全省各地的村村寨寨。据不完全统计，解放初，全省大小寺院庵堂就有三千多座。这类建筑也在很大程度上与民居建筑的平面布局和建筑风格相互影响。尤其是家祠，常与民居建在一起，只是家祠的公共活动部分如厅堂、回廊等空间更为宽大，居室的数量相对较小而已。以集美祠堂（图8）及上杭郭家祠（图9）为例，从平面布局及外部造型都不难看出，它们与一般民居极相类似。

此外，尚有一些家祠，与住宅合在一起，主厅堂部分同时兼有祠堂的功能。这就使得以祭祀为主要功能的厅堂，在一般民居中都占有相当突出的地位。应当说这主要是社会风俗影响所致。

受以上种种因素影响而形成的福建民居，在建筑布局

图 8　集美某祠堂

中突出厅堂，房舍组合主次分明；建筑类型多样，地区差别十分显著；内部庭院空间曲折起伏，灵活多变；建筑组群的屋顶轮廓高低错落，栉比鳞次，形成了优美的外部造型；规模宏大的府第占有相当大的比重，加之多山多水的特殊地理环境，使福建民居具有鲜明的地方特色。

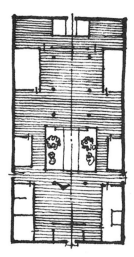

图 9　上杭郭家祠

第二章
福建民居的群体组合

谈到总体布局就会联系到择基选址。民居建筑在选择基址上是非常讲究的。首先，民居建筑是为人民居住所需要的，其次它还要满足生产的要求。因此有利生产，方便生活便成了他们选址时有意无意所遵循的基本原则。充分的利用坡地、水边等不易耕种的土地建设住宅，既可以就近耕种农田，上山伐木以及从事采药等副业生产，又因靠近水源，而为生活提供了方便的条件。

另外，住宅建筑是人们长期生活的地方，因此对于房屋的朝向、日照、通风、防风、防洪、排水、交通等条件是有所要求的。而这些问题的解决与总体位置的选择都有不可分割的联系。

过去在选址方面，还受到"风水"迷信的影响。当为传统民居选址和营建时总要事先请人相地、看风水、定阴阳五行。据说："门前有水，财源茂盛。"；"大门迎水而开，面向河流上游，表示财势源源而来"。因此许多宅前无水的民居则挖土开池，以象征"吉利"。又如大门面向大路也表示"吉利生财"。房屋面向正南可以"人丁兴旺"，所以大多数建筑也都是坐北朝南的，这也正符合了人们对好朝向的需要。建筑在山区的宅院，面向山口处开门据说"风水好"，也有利于通风。有些地区更有甚者，就连整栋房屋的朝向，大小尺度、高低层数、方向位置及体形方圆等都听"风水"先生的决定。除了自己的宅舍选择好的风水

以外，还必须不因自己建宅而破坏别人的风水，否则就会引起争议甚至械斗。因此，也不是所有的住宅都能符合风水好的条件。对于因种种原因而没能符合风水好条件的宅院，也都采取了许多补救办法自圆其说，以期求得吉利如意。"风水"、"相地"之说，具有明显的迷信色彩，但所谓"吉利"的条件，也常常与争取就近取水、交通方便、空气通畅、良好朝向等要求吻合。扬弃其中的迷信因素，也可从中发现一些选择基址时的依据。

积千百年来的经验，代代相传，福建民居在选址、营建方面都有很高的成就。成功的实例不胜枚举。他们经过用罗盘定方位、看地形、择山水、测风向、观水势等一系列的考察之后，所选的地形大多数都具有优越的自然条件，并能与环境相谐调。民居建筑大部分坐北朝南；背风向阳；靠山面水；沿路边桥头而建。在地形所限，面积狭小的地方建造的民居也要千方百计达到上述要求。

在总体布局上，民居建筑一般都能根据自然环境的特点充分利用地形与地势，并在不同的条件下，组织成各种群体。如成街成坊的街巷式建筑群；或者随坡沿溪地组织成乡村小巷式的建筑群；除此之外，也有自由分散在山坡、台地等特殊地段，灵活多样地组织成其他各种形式的建筑群。由于所处环境不同大体上可以分为：城镇街坊，村落布置，山坡、台地及特殊地段的民居组合等几种基本类型。

一、城镇街坊

城市民居的总体布局形式基本是街巷式的。福建的许多古老城市如福州、泉州、建瓯、长汀等城市，由于人口稠密，用地拥挤，民居建筑都是成街成坊的布置。其特点是房连房、屋靠屋，大体沿袭我国城镇民居总体布局的传统形式，犹如北京的胡同、上海的里弄。福州的三坊七巷传统民居勘称为街巷式布局典型实例。

●**福州三坊七巷**。其形成据说是从晋朝开始的，位于老城区，是福州西区的主要街坊（图10）。从通湖路到南后街之间的三条巷称三坊。南后街东侧有七巷平行分布。历代官僚、文人名士在此居住的很多。从而建有不少高大府第。三坊是：衣锦坊、文儒坊、光禄坊。七巷是：杨桥巷、郎官巷、塔巷、黄巷、安民巷、宫巷、吉庇巷。自黄巷西端过南后街可通衣锦坊。由安民巷通过南后街可到文儒坊。从吉庇巷过南后街可到光禄坊（图11）。巷和坊均呈东西向，由于各宅轴线垂直于巷和坊，因而各宅的主要房间则呈南北向，每户入口大门都面向坊、巷而开。出入通过坊、巷可到东西大街。坊、巷内各宅院随各宅主财力不等而大小不一。一户有在一条轴线上安排几进院落的；也有占两三条轴线、建八九进院落的；有的在侧面或后面还建有花园。各户毗邻且紧紧相连，只有入口面向坊、巷。入口处理也较简洁，在白粉墙上开设门洞，或在门上挑出雨披，雨披以自墙上挑出的木梁为支撑并在其上覆盖灰青瓦顶，与白粉墙相辉映颇为素雅清新（图12、图13）。

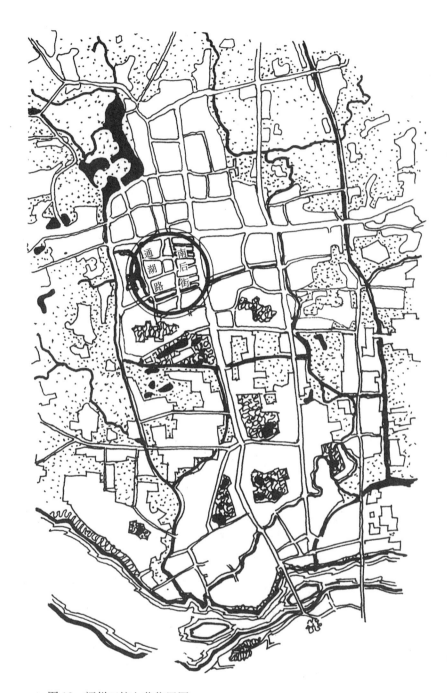

图10 福州三坊七巷位置图

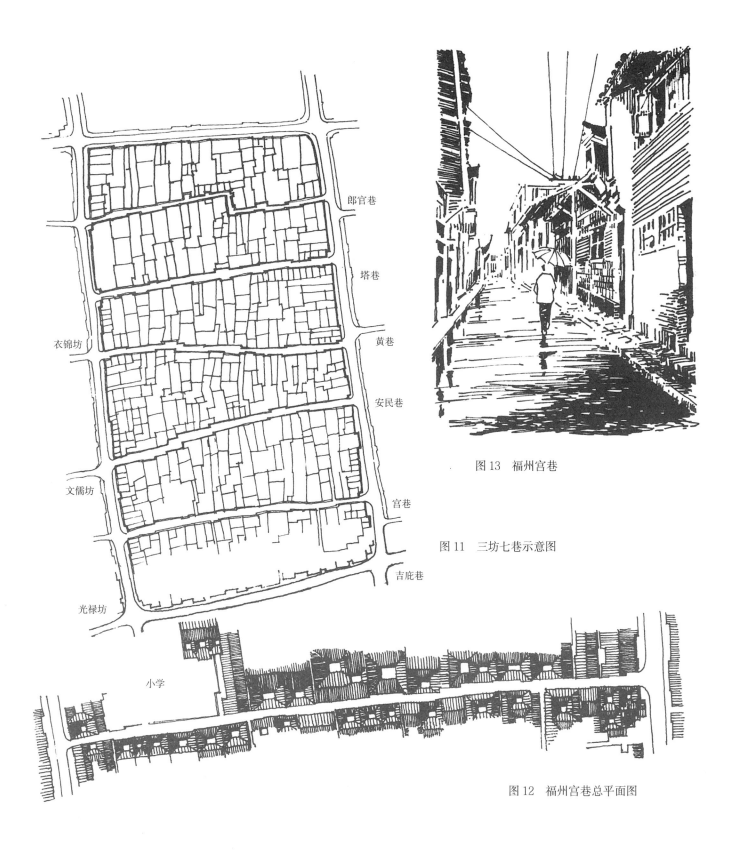

郎官巷

塔巷

黄巷

衣锦坊

安民巷

文儒坊

宫巷

吉庇巷

光禄坊

图 13　福州宫巷

图 11　三坊七巷示意图

小学

图 12　福州宫巷总平面图

图14　泉州"宫廷式"宅第间的防火巷

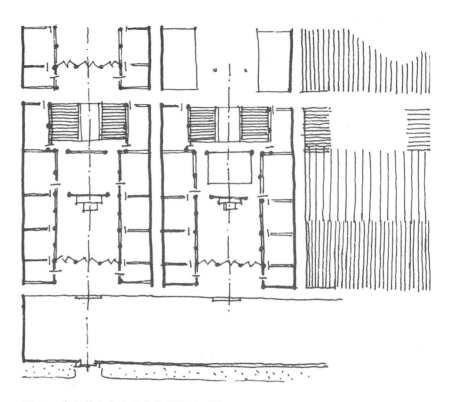

图15　泉州某巷大小悬殊的民居平面图

●**泉州街坊**。泉州是历史文化古城，旧街区内也划分为若干街坊。但与福州旧区街巷的气氛不同。泉州民居多以石材与片砖插花砌筑墙体，有的房屋以红砖贴面，山花、檐口做工精细，从而形成了自己的独特风格。泉州某巷，它的两侧是由每一户占有几条轴线的大型宅邸和每户只有一条轴线的纵向布局的狭长的"手巾寮"组成（寮 [liáo] 是小屋的意思）。大型宅邸因为是仿北京四合院民居所建，当地称之为"宫廷式"。这类民居的面阔、进深都很大，两边有两厢，前面有前院通过垂花门进入中庭。"手巾寮"则是只有一间小厅面阔的三进的条形院落。因很像一条长形的手巾，所以当地称之为"手巾寮"。"宫廷式"大宅朝南，占有好朝向，面积也大，是为当时的官僚们所用。街巷对面是朝西北开门的"手巾寮"。它是夹在河流和街巷之间的南河北街式的宅院。它的前后左右都因受到限制而无法发展，唯一出路就是向上生长，所以"手巾寮"带夹

层与阁楼的甚多。"手巾寮"沿街巷的一间厅堂一般为店面或手工作坊，大约当初都是为"宫廷式"的宅院服务的。一个"宫廷式"的宅子有三条轴线，九个厅堂。相邻两宅之间以防火巷相隔（图14）。而对面的"手巾寮"以九条轴线与之相对。每条之间以砖砌山墙作为防火墙（图15、图16）。这种大小悬殊而混杂布置在一条街巷的布局形式与福州三坊七巷的布局形式是很不相同的。

二、村落布置

乡村民居常沿河流或自然地形而灵活布置。村内道路曲折蜿蜒，建筑布局较自由灵活而不拘一格。一般村内都有一条热闹的集市街或商业街，并以此形成村落的中心。再从这个中心延伸出几条小街巷，沿街巷两侧布置住宅。

此外，在村入口处还常常建有小型庙宇，成为村民举行宗教活动和休息的场所。乡村总体布局有时沿水滨河建宅；有时傍桥靠路筑屋。例如新泉村口桥头大榕树旁建一小庙，庙前有一宽阔台地，形成一组建筑的中心。村子沿河岸而建，村口正对大桥。高大的榕树成为小村的标志。过桥后是沿石阶而上的村中小路，一组组随地形起伏而错落的民居就建于小路两旁。桥的右侧是沿河而建的一排低矮的临水民居。村中的一条集市街，每逢集日十分热闹。这组建筑群借河边桥景，乘老树浓荫，加之建筑本身多彩多姿的形体变化，屋脊与檐角的飞翘，高低错落的地平层次，丰

富交错的屋顶轮廓，构成了一幅极为生动的村落景观（图17）。

●**沿水滨河建宅**。新泉桥右侧沿河而建的张宅，称"四世大夫第"前院大门迎水流而开，有台阶直下河边，洗衣取水都很方便。前院围墙顺弯曲的河岸而建，呈一曲线形式，既适应了地形的变化，同时又取寓意"吉祥"的"鳄鱼形"平面（当地古传鳄鱼是吉祥之物）。将入口置于东侧，形如鳄鱼嘴，门开向河流上游。该宅平面布局不对称，立面处理主次分明，体形变化也随地形的曲折而做成不规则的曲线形状。自由活泼的立面处理与河岸石砌护坡和石台

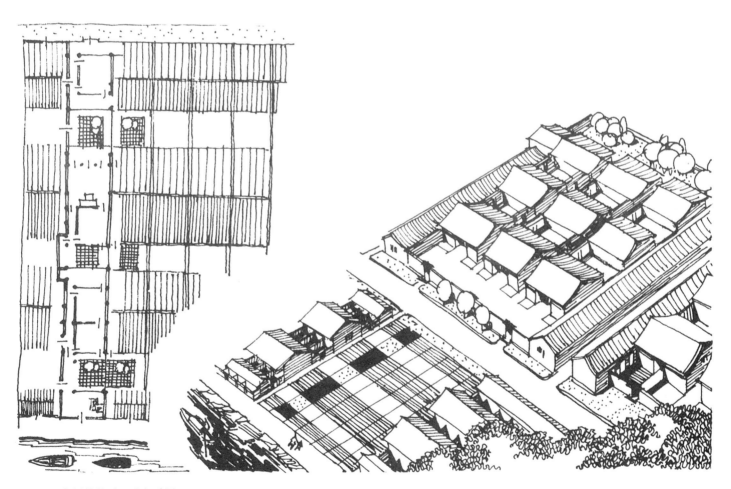

图16　泉州某巷平面及鸟瞰图

图 17 新泉桥头民居总体
布置及村口透视图

阶配置得体，建筑多样统一，环境优美自然，两者配合极为巧妙（图18、图19）。

古田村一组临池塘所建的民居，体形组合巧妙，特别是高低错落的外轮廓线，映入池中极富自然情趣（图20）。

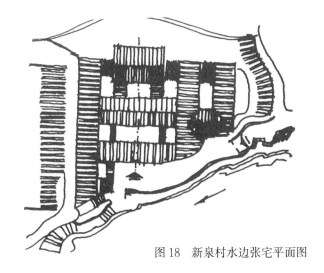

图18 新泉村水边张宅平面图

图19 新泉村水边张宅沿河立面图

图20 古田池边民居外观

图21 芷溪沿溪小径

芝溪全村是沿一条弯曲的小溪而建造的。村中小路按溪水流向铺设。巷内以卵石铺路，所有房舍都依傍着这条小溪，顺小径而弯曲。院墙也随之或弯或斜，初进芝溪就像进入迷宫。院墙接连不断，都是以青砖砌筑，门楼一个接着一个，都有华丽的装饰及"大夫第"等匾额，间或有一个高大的重檐祠堂大门。伴随小径的溪水涓涓流淌，宅门前以简易石板搭桥，溪边妇女洗菜，儿童戏水，具有浓烈的生活情趣（图21）。泰宁石网也是沿河而形成村落，小溪顺路沿宅而过（图22）。

有的村镇是水巷，临水建宅以条石砌筑基础，成排的民居似坐落水中。沿河边挑出石级、石台可以洗衣取水、上船登舟。每相隔一段架有飞桥，成为两岸联系的主要通道。这种水巷民居屋顶高低不等，参差错落，墙面和挑台前后不一，极富层次变化，造成非常丰富亲切的景观效果。河上的桥梁把长长的河道分割成若干适合视觉比例的空间段落。桥体本身的造型也十分优美。倘行船于河中，景观则更富变化。图23所示为涵江水巷的街景。图24为福州街景。

图22　泰宁石网街景

图23　涵江水巷街景

图 24　福州街景

●**傍桥靠路筑屋**。为了出入方便，福建民居常常把在水边建筑的住宅靠近桥头。不靠水边的住宅则要在路边建造。一般说，宅门入口是面桥向路而开。这既符合所谓大门向路面桥表示"财源流进"、"吉祥如意"的说法。实际上，主要还是为了住宅的出入方便。

莒溪罗宅就是在河边桥头的一例（图 25）。罗宅是一组结合地形自由布局的民居建筑。它只在核心部分还保持着对称的布局，其他部分自由布置，采用了丰富的园林手法。各组房舍不拘一格，随地形高低分组建造，以通道和过廊互相连接。在横跨道路处以天桥连接两栋楼房，形成生动活泼的过街楼，创造了丰富的建筑空间。罗宅的庭园紧临河流。在园中有两个轻巧的凉亭，一高一低分建在两个不同标高的园中，两园以低矮的围墙相隔，月洞门相通。在低一层的园中还建有八角楼，楼高两层。立于亭上和八角楼上可眺望河边景色。罗宅以其巧妙的建筑组合及很自然地与总体环境相结合，在河边，桥头迎得了不少的观赏

者。高出围墙的亭、台、楼、阁有着丰富而错落的优美轮廓，取得了很好的景观效果。

古田沽洋村陈氏住宅，坐落在涧边桥头，高高的石拱桥下是层层跌落的飞瀑。桥头又有苍劲多姿的老松树装点，环境十分优美。陈宅建在高出水面很多的岸边，以厚厚的夯土墙相围，大门面水向桥而开，出入十分方便（图 26）。

蛟阳某宅，道路从宅院东侧而过，宅的正前方没有道路，而横陈着一片田畴。该宅则把大门入口开向东面，通向道路。改变了入口在轴线上或在轴线旁边的一般做法，既使得出入方便，又省去了另外再修宅前小路（图 27）。

三明某宅为使大门迎街设置，又要保持主体建筑坐北朝南，从而形成"倒牵牛"形式的平面。进入大门后经过一条狭长的过道，一直到全宅最前端再转回自前庭入宅（图 28）。

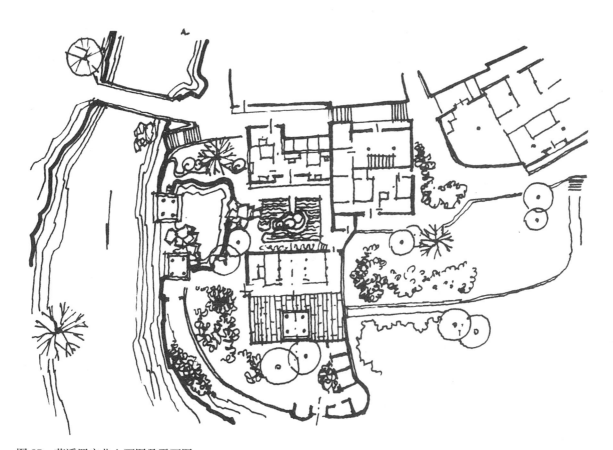

图 25 莒溪罗宅北立面图及平面图

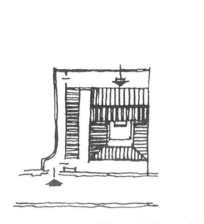

图 28 三明某宅"倒牵牛"式平面

图 26 古田沽洋桥头建宅

图 27 蛟洋某宅东侧外观

图 29　下洋山坡上民居分布图及外观

三、特殊地段的民居组合

在斜坡，在台地和那些狭小不规则的地段，在河边、在山谷、悬崖等特殊的自然环境中，巧妙地利用地形所提供的特定条件，可以创造出不拘一格的民居建筑组群。这些组群与自然环境融为一体，成为自然景色中的一组景点。下面拟从对山坡地形的利用、对台地地形的利用和对城市坡地的利用等几个方面举例说明在这些地形情况下的民居总体布局。

●**山坡地形的利用**。在下洋有座不太高的山坡，利用山前的缓坡处建筑了一组一组的民居。各组之间有山路相联系。这种山村建筑平面自由、灵活，不受一般格式的限制。

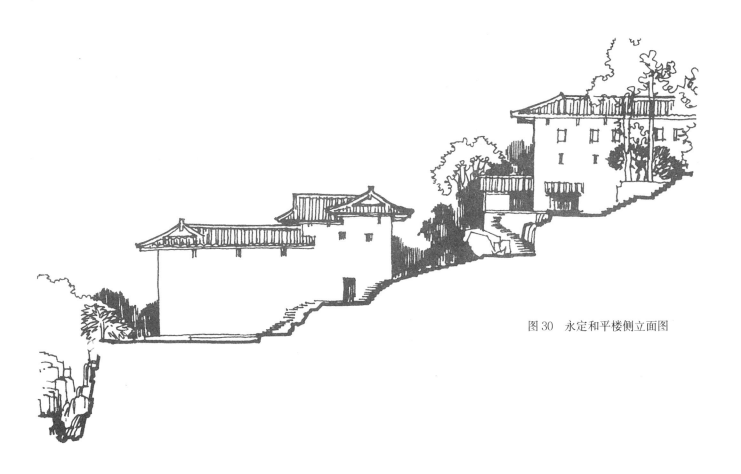

图 30　永定和平楼侧立面图

顺地形地势而建。自山下往上看去在绿树环抱之中，露出青瓦顶、黄土墙，一栋栋素朴的民宅十分突出，加之参差错落层次分明，颇具山村建筑的特色（图29）。

●台地地形的利用。地形陡峻和特殊地段，常常以两幢或几幢民居成组布置，形成对比鲜明而又谐调统一的组群，如永定的和平楼就是突出的一例。和平楼是利用不同高度山坡上所形成的台地，建造的上、下两栋方形土楼。它们一前一后，一低一高，两栋土楼的中轴线不在一条直线上。后面一栋土楼的正门入口随山势略微偏向西南，打破了重复一条轴线的呆板布局。它们巧妙地利用了山坡台地的特点。前面的一座土楼是坐落在不同标高的两层台地上，从侧面看上去，前面低后面高，相差一层，加上后面的一栋土楼在更高的一层台子上，形成一组高低错落、变化有致的外形轮廓（图30）。

●城市街巷坡地的利用。有些城市坐落于坡地上，有些街巷本身是由低向高、带有坡度的。在这些不平坦的街巷两侧建造民居，可以组成富于高低层次的建筑布局。例如沿街巷的坡度，两侧院落坐落在不同标高上，通过台阶进到各个院落。

长汀洪家巷罗宅坐落在从低到高的狭长小巷内，巷中石板铺砌的台阶一级级层叠而上。洪宅大门入口开在较低一层宅院的侧面。随高度不同而分成三个地平不等高的院落。中庭有侧门通向小巷，后院为花园。以平行阶梯形外墙相围，接连的是两个高低不同的厅堂的山墙及两厢的背立面。该宅结合坡地顺坡而建，没有把地基铲平填高，立面处理毫不作虚假装修，以其本来面貌出现，该高则高，是低则低，也不以高墙相围。它使人感到淳朴自然，亲切宜人（图31）。

集美陈宅，也是一组坡地住宅。陈宅后花园靠马路，其标高比宅院高出约三米。由马路下台阶进侧巷，再缓坡向下，自中庭侧门入宅院。中庭为一宽敞的平台，自此向下为低矮的前庭及养鱼池，向上为后庭及后花园。后花园呈台阶式，分别种植果树、花木等。最后为沿马路的围墙。除中庭侧门外，在最高层的后花园及最低层的前庭都有侧门可入庭院。陈宅入口设在侧面，因结合地形而随高就低，致使侧立面外轮廓线参差错落而富于变化（图32）。

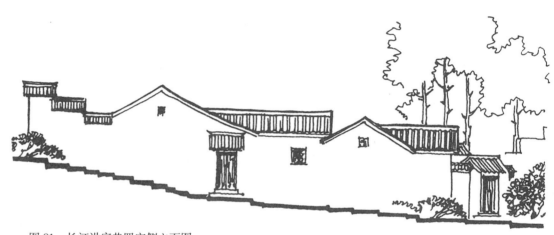

图 31　长汀洪家巷罗宅侧立面图

图 32　集美陈宅侧立面

第三章

福建民居的布局

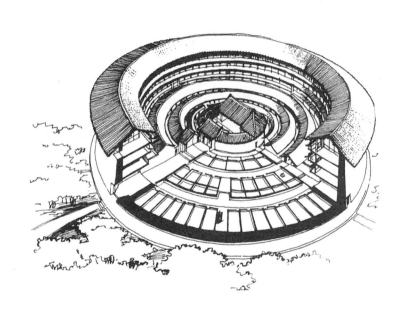

由于地形地貌的复杂多变以及各地历史沿革、社会风俗及传统营建方法的差异，福建民居建筑的类型多样，布局也很富有变化，除一般小型宅院外，有层层引深的纵向布局民居，左右扩展的横向布局民居，纵横交错的大型组合民居，围廊式的方形或圆形土楼，以及自由组合布局的民居等。但就其大多数住宅而言，仍然具有几个共同的特点：中轴对称、主次分明；以厅堂为中心组织院落；通廊、厅堂宽敞并贯穿全宅。

一、福建民居布局的特点

●**中轴对称，主次分明。**在一条纵向轴线上，布置一系列重要建筑，并左右对称地布置其他附属用房和院落，组成一幢严谨对称、主次分明的完整建筑群。这种布局方式是我国民居建筑的一个传统特征，福建民居又以其独特的形式使这一特征表现得尤为突出。

以古田于宅为例（图33），这是一幢规模较小也较典型的福建民居。在纵向主轴线上，依次布置着宅院大门、主庭院、主厅堂、后庭院、后庭堂等一系列起伏有致的内外空间。其中主厅堂的体形分外高大，装饰考究，是全宅的中心。对称布置于主厅两侧的是供长辈居住的"大房"，分上下两层，共十六间，与主厅共同组成全宅建筑的主体。主庭院横陈于主厅堂之前，对称布置于其两侧的是一般居

住用房。这些房屋的体形要比主厅堂矮小得多，装修也比较简单。

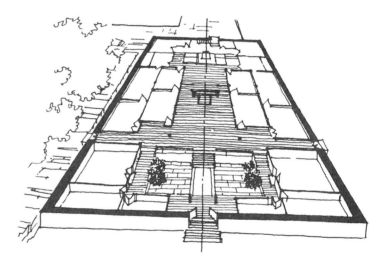

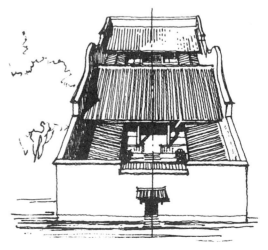

图33　古田于宅平面布局及外观

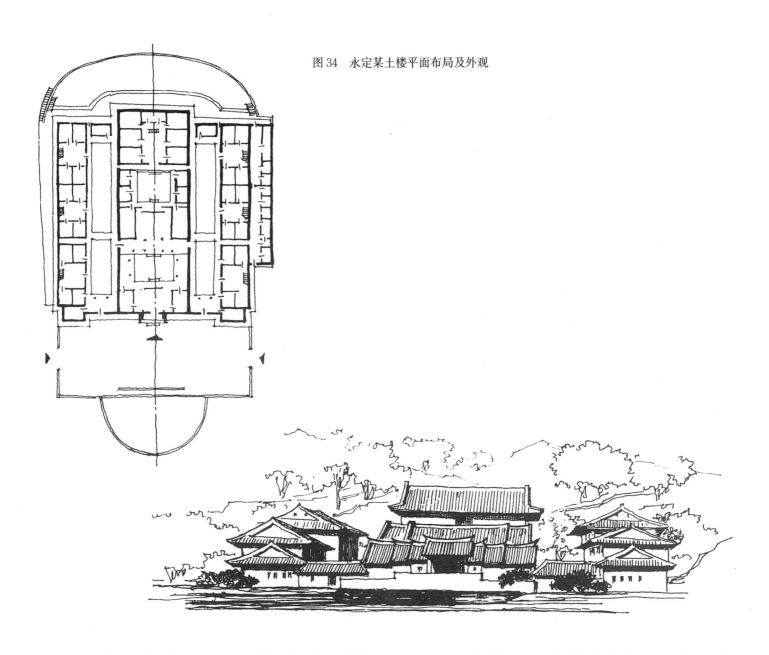

图34　永定某土楼平面布局及外观

穿过主厅堂，进入后庭院。正面是两层的后楼。楼下为后厅堂，左右是储藏及杂务用房，楼上为居室。后庭院的两厢是厨房。

整个宅院无论房舍或庭院，在空间大小、装饰繁简等方面，都以其功能的不同有明显的差别。

主厅堂是敬神祭祖、接待宾客、举行婚丧仪礼等主要活动的场所，故体形高大，装饰考究。其他房舍则根据"长幼有序"、"男尊女卑"的习俗，分别安排在适当的位置上。

这种中轴对称、主次分明的传统程式，在福建民居建筑的布局中体现得非常充分。

图34所示为永定地区的一种土楼。其规模宏大，外观和其他类型的民居有很大的差别，但其平面布局仍然遵循了中轴对称、主次分明的原则。在土楼的纵向轴线上，顺序排列着三座厅堂——前厅、主厅、后厅，两侧对称布置的是"横屋"，前有晒谷用的横向庭院及半圆形鱼池，后有弧形围墙。附属房屋内容虽有所不同，但基本布局仍然是按照对称的格式安排的。

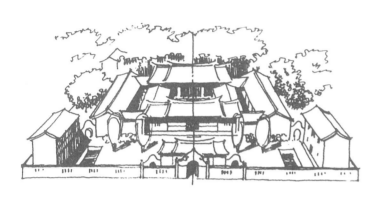

图 35　漳平下桂林刘宅平面布局及外观

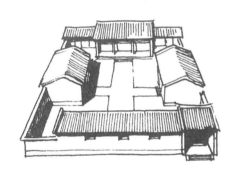

图 36　北京小型四合院平面布局及外观

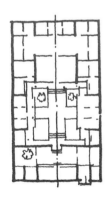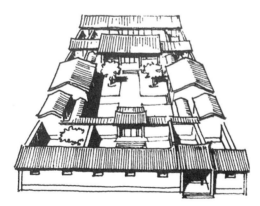

图 37　北京三进四合院平面布局及外观

漳平下桂林刘宅（图 35）建于民国初期，其特点主要在前庭。该宅的横向前庭内，左右两侧对峙着两座独立的二层配楼，院内种植四棵大柏树，四周以具有西洋古典花饰的矮墙相围。

该宅的入口大门比较特殊，是一种中西合璧的产物。在中国传统的门楼左、右及前面，加了三座西式拱门。刘宅虽然包含一些西洋建筑的成分，但整个平面布局，仍严格保持了中轴对称的传统格式。

●以厅堂为中心组织院落。院落，是以三面或四面房舍（围墙）围合而形成的。以院落为基本单元，进行群体组合，是我国民居建筑布局的又一个共同特征。福建民居也不例外，但是在福建民居中，院落的主体是厅堂，而不是庭院，这是它和常见的北方四合院民居的主要差别之一。

图 36、图 37 是两个典型的北京四合院民居，从平面及透视图中可以看出，其庭院都是较宽敞的室外空间。围绕在其四周的房屋，尺度都比较小。主体建筑是堂屋，虽然位居中轴线上的主要部位，但其空间体量和其他三面的房屋相比，差别并不显著。因此，宽敞而又方正的庭院，自然成为院落的中心。在福建民居中则不然，由于庭院相当狭小，而厅堂却高大开敞，两相对比，厅堂自然处于十分突出的地位，而厅堂之前的庭院，则似厅堂空间的延伸。

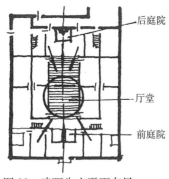

图 38　建瓯朱宅平面布局

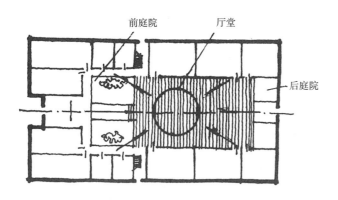

图 39　福州埕宅平面布局

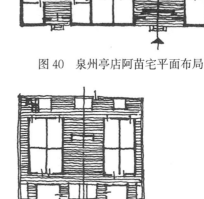

图 40　泉州亭店阿苗宅平面布局

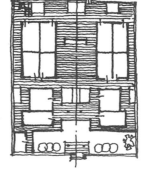

图 41　长汀辛耕别墅
平面布局

在某些民居中，如建瓯朱宅（图 38）、福州埕宅（图39），厅堂的后部也敞临于后庭院，并与之连成一气，这就使厅堂更加明显地成为这组院落的布局的中心。

● **宽敞的廊、厅，贯穿全宅**。福建地区太阳光照强烈而且多雨，气候湿热，人们需要长时间的户外活动。檐廊厅堂，既能遮阳避雨，又具有良好的通风条件，从而成为人们活动的主要场所。因此，在福建民居中一般都使宽敞的檐廊与厅堂相连接，以构成贯穿全宅的通道。其面积约占全宅的一半，有时甚至更大一些。

图 40 为泉州亭店阿苗宅，图 41 为长汀辛耕别墅。它们的共同特点是在深深挑出的屋檐覆盖下，宽敞的厅、廊是全宅起居活动和日常手工劳动的主要场所，贯穿全宅的前后左右，并联系着所有的房间。北京地区的四合院民居

则不然，在一般情况下，人们是直接通过露天庭院进入各室的（图 36）。只有在少数大中型民居中，才有以交通作为主要功能的通廊来联系各主要房间（图 37）。这显然是由于气候条件的不同而形成的差异。

檐廊与厅堂宽敞明亮，前后贯通。居室与之相比显得狭窄晦暗。这也是福建民居的主要特色之一。

二、福建民居布局的形式

在前面介绍的福建民居建筑布局的特点中，已经叙述了典型小型民居建筑布局的形式。本节要介绍的是大中型宅第及特殊地形条件下的建筑布局形式（图 42）。

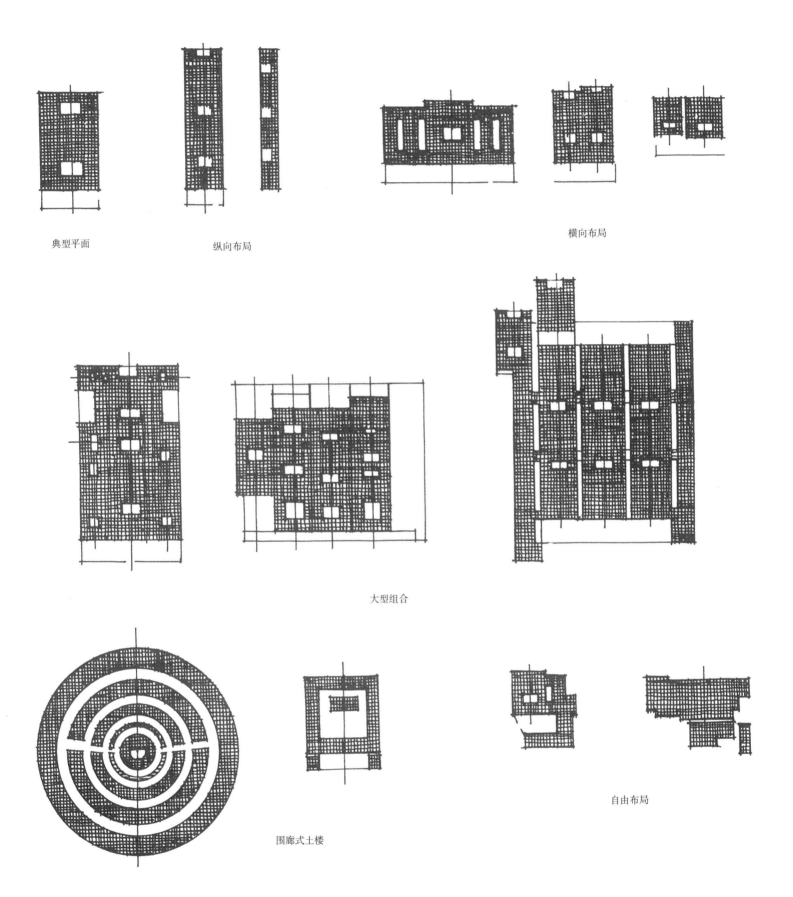

典型平面　　　纵向布局　　　横向布局

大型组合

围廊式土楼　　　自由布局

图 42　福建民居建筑布局形式示意图

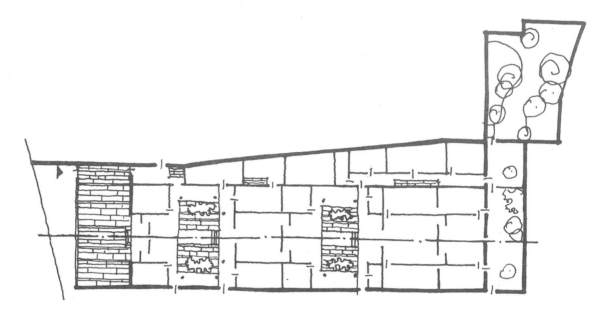

图43 上杭某宅
平面图

图44 泉州黄宅平面
剖面图

●**纵向延伸的布局形式**。这种形式的民居，主要出现在城镇街道的两侧，由于受临街面阔的限制，其庭院只能向纵深发展。

上杭某宅（图43）是一个纵向布局的典型例子。该宅由五进院落组成，在一条纵向轴线上，建有四座厅堂，前为门厅，第二、三两进厅堂主要供会客及婚丧仪礼等使用，居室置于两侧。最后两进院落，为厨房及牲畜栏舍。

纵向布局的民居，临街入口处多为门厅，然后视规模大小，逐层组织院落。各进庭院中的厅堂，有所谓前厅、中厅、后厅之分，但不论几进院落，前部都用于接待宾客、举行礼仪活动以及供长辈居住，后部则为内宅，供晚辈居住并安排厨房、杂务等一般生活用房。

纵向布局的民居，具有层层引深的气氛，给人以庄严深邃的感觉，但也存在空间重复多而变化少的缺点，显得单调呆板。有些民居能巧妙地利用地形特点，进行某些空间处理，使气氛有所改变，如泉州黄氏住宅（图44），利用其西侧不规则的地形，组织了一些杂务用房，后部一角，建造成小型花园，既充分利用了地形，又丰富了住宅的内部空间，活跃了气氛。

图 45 泉州"手巾寮"平面图、剖面图

纵向布局的民居，在城镇中常成片并列布置，形成规整的街坊。一般情况下，一户占有一条狭长的地段，各户互不干扰。当左右两侧为亲属居住时，在宅院的侧墙上，常有旁门，连通两宅。

位于城镇街道两侧的纵向布局民居，还常与商业店铺组织在一起。图 45 所示的泉州某宅，其面阔仅有四米，前为店铺临街，后为厨房濒溪，庭院左右均无厢房，只在右侧有一通廊贯穿前后，形成极狭长的纵向平面，即"手巾寮"。

三明劳动巷是一段商业街，其两侧的民居建筑也采取类似的布局形式，但由于该地段进深较小，房屋只能向上发展。李宅底层前为店铺，后为厨房，中间以小天井相隔，店铺上层布置卧室，形成带有楼层的纵向布局平面（图 46）。

与上述情况相似的还有永定下洋地区的多层密集式民居（图 47），其平面布局也为纵向狭长的形式，房舍主要是各自向上发展，竖向独立成户，形成二至五层或更高一些的多层民居。当平面纵深过长时，也以小天井相隔，前后房舍借以采光通风。这类民居总是以密集式的群体出现的，有的临河而建，有的依附于坡地，各户楼层或退台或悬挑，组合灵活自由，使其群体面貌出现层层叠叠的空间效果和优美的村落景观。

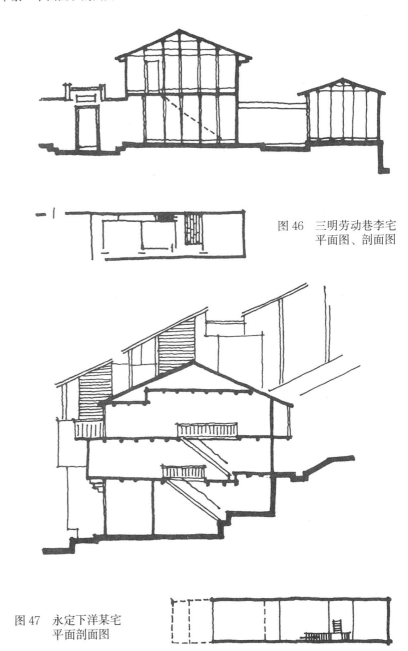

图 46 三明劳动巷李宅平面图、剖面图

图 47 永定下洋某宅平面剖面图

●**横向扩展的布局形式**。有些地区，或因用地宽敞，或因传统习惯，当住宅的规模较大时，常以横向展开的形式来组织院落。整个宅院，前后进深很小，纵深一般只有一进，最多两进，而面宽却很大。横向布局的民居，常见的有两种情况。一种是全宅有一条明确的纵轴线，形成主庭院。在其左右两侧，成排对称地布置一系列的生活用房，当地称为"护厝"（厝 [cuò] 置的意思，福建泛指民居为古厝，护厝即护屋），房间东西朝向，并同时构成南北狭长的侧庭院。规模再大时，外侧继续以同样的手法布置房舍，而形成外侧庭院。漳平上桂林黄宅（图 48），就是属于这种情况。沿主轴线，只有主厅堂及其附属用房，并组成一进院落，左右各有两层侧庭院。不同的只是在其东侧稍有变化，即单独组成了一个具有纵向轴线的小型侧庭院。这种布局的特点是轴线明确、主体突出，是一种常见的横向布局形式。

横向布局的另一种形式，是并列数条纵轴线，在几条纵轴线上组织院落，图 49 为福州杨岐游宅。该宅有两条主次分明的纵轴线，沿主轴线为主厅堂及其他主要房屋，并构成主庭院。是全宅的主要组成部分。沿右侧的次轴线为侧厅等次要房屋，构成侧庭院。两组院落之间有 4 个侧门相通。在全宅的后部，是一个自由布局的后庭园，和前面两组院落一起，共同组成了一座完整的横向布局的宅院。

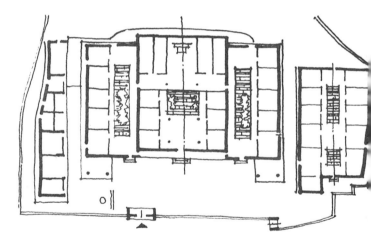

图 48　漳平上桂林黄宅平面图、立面图

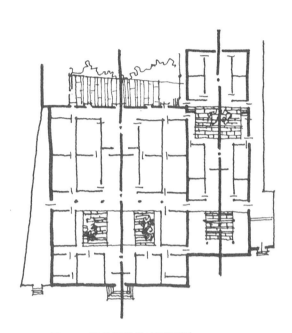

图 49　福州杨岐游宅平面图

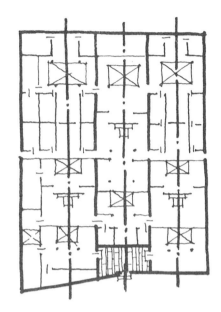

图 51　上杭"鸳鸯厅"
平面图

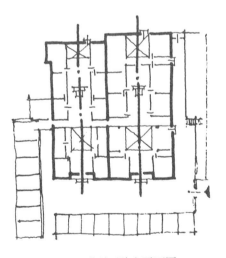

图 50　三明列西魏宅平面图

　　当然，并列的数条纵轴线也可以无明显的主次之分，这类住宅，往往是由兄弟数人共同建造的。三明列西的魏宅（图 50），就是由两兄弟共建的。图中所示的主体建筑，由两条并列的纵轴线组合而成，出于长幼有序，稍有区别。在主体建筑的周围，还有一系列采用自由布局的附屋用房，用为作坊、储藏室及牲畜栏舍等，供两家共同使用。

　　上杭的"鸳鸯厅"（图 51），是另外的一种例子。该宅也是由两兄弟共建，但有三条纵向轴线。在中间的轴线上，安排了主厅堂等公共用房，左右两侧，并列的是两兄弟各自占有的两组几乎完全相同的院落。前庭是两户公用的出入通道，设有大门，迎面是影壁，左右两侧各有一门进入各自的宅院。

　　横向布局的民居，面阔很宽，各个院落都有自己单独的入口。为使全宅的入口集中于一处，以利于安全防卫，从而形成狭长的前庭，并以院墙相围，设一总入口。

　　●**大型组合的布局形式。**在一些大型宅第中，往往综合运用上述两种布局，形成较复杂的建筑群，这种布局一般又可分为三种形式：

第一种是并列数条纵向布局的院落进行组合，如泰宁李春烨五兄弟共同建造的大型宅第"尚书第"（图52），就是以五组类似的纵向布局院落并列在一起而组合成的。整幢宅院南北宽八十多米，东西深五十多米，各组院落无太大差异，都由三进组成，俗称三厅九栋，只有长兄居住的第二组院落（右起第二组），其入口较为突出，前庭较为宽敞，门廊装饰较为华丽。各组院落既具有相对的独立性，又有前庭及侧门可进行横向联系。

第二种是单元组合，如泉州吴宅（图53），是一所由十一个院落单元及其他附属建筑组成的大型宅第。"院落单元"由入口下廊、东西厢房、正中的厅堂以及围合在其中的庭院所组成。如图所示，沿三条纵轴线各安排三进庭院，组合形式几乎完全相同，只有西北隅的另外两组院落，因地形所限，略有变化。各"院落单元"之间，前后以封火墙相分，左右则以封火巷相隔，以防火灾漫延。侧墙上设门，与各组院落相连通。此外，宅院左右两侧，还成排地布置了两列东西向的附属用房——"护厝"，约三十余间。十一个"院落单元"加上"护厝"，前庭、后院，共同组合成一幢规模极其宏大，且富有层次、节奏变化的完整的大型宅院。

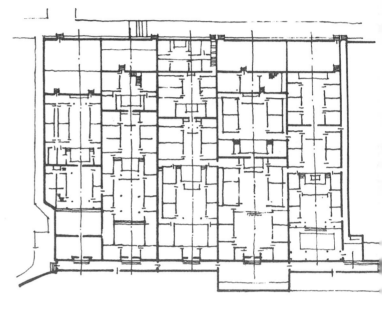

图52 泰宁"尚书第"平面图

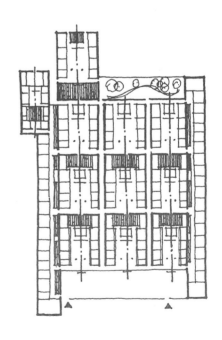

图53 泉州吴宅平面图、鸟瞰图

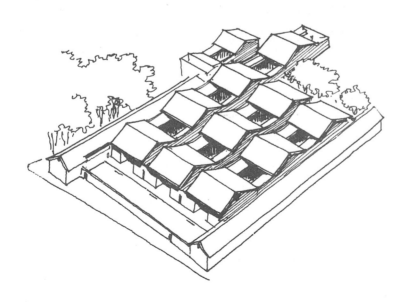

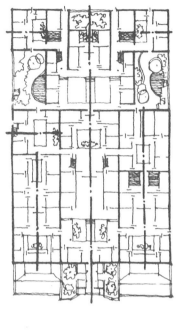

第三种采用纵横轴线交错的组合形式。古田张宅即是一例（图54）。该宅可以分前后两部分，前部并列三条纵向轴线，有主次之分，中间为主轴线，左右为次轴线，布局严谨。后部的院落则比较灵活，采用轴线方位变换的手法。将局部庭院的轴线与纵向主轴线垂直布置，中部两侧又分别安排了自由布局的两个小型庭园，作为前后两部分之间的过渡。该宅以若干个不同功能、不同特色的院落互相穿插，使这幢外形看来简洁方整、平面又基本对称的民居，宏大而不单调，严谨而不呆板。

图54　古田张宅平面图、鸟瞰图

●**围廊式土楼民居**。以家族聚居而闻名的永定地区客家方形或圆形围廊式土楼，是一种比较特殊的民居建筑布局形式。图55所示是永定高东的"承启楼"这是一幢圆形土楼，外围是极厚的土筑墙。全部房舍围合在一个完整的建筑之中，房间沿土墙呈环状布置。外环高四层，底层为厨房及杂务用房，二层储藏谷物，三层以上住人，各层均以单面走廊作为通道。四部楼梯均匀分布在外环上，供楼层之间的垂直交通用。在圆形的庭院内，还有两环平房，外环为牲畜栏舍、储藏室等附属用房；内环为居室和厨房。庭院的正中央，是圆形合院式的厅堂。过主入口至中央厅堂，形成一条中轴线，两个次要入口，分别设于外环的左右两侧，共同组成一幢拥有房舍三百余间的巨大的圆形土楼。

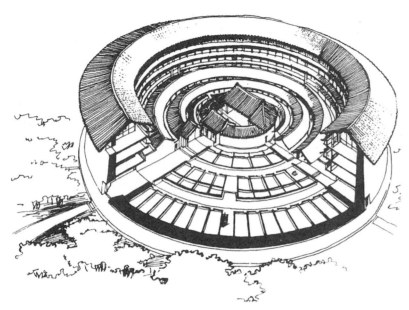

图 55 永定高东承启楼剖视图

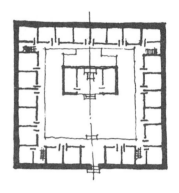

图 56 永定某方形土楼平面图

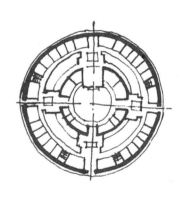

图 57 永定某只有一个内环
的土楼平面图

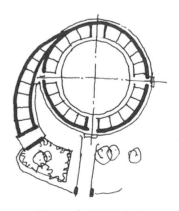

图 58 永定某无内环
的土楼平面图

　　图 56 所示为永定地区的一幢方形土楼。其布局和前述圆形土楼基本相同。也是沿四周布置房舍，所不同的是二层走道沿外墙布置，呈内廊形式，四部楼梯各据周边的一角。楼层前低后高，侧面作不对称处理。与圆形土楼相比，方形土楼外形较生动，中轴线也更明确。

　　随着圆形土楼直径的减小，有的可能仅剩下一个内环（图 57），甚至根本不设内环。在前一种情况下厅堂设在庭院中央，规模更小时，中间不再布置房舍，厅堂及牲畜栏舍都安排在外环的底层。这种小型土楼，由于中部为庭院，反而显得开阔宽敞（图 58）。

　　围廊式土楼，无论规模大小，其布局大多保持了中轴对称的基本原则。与一般民居相比，最大的不同点在于它完全脱离了以简单四合院为基本单元进行群体组合的布局手法，而是以一个集中、庞大的单体建筑形式出现的，其外观宏伟，别开生面，是一种独特的建筑布局形式。不仅在福建民居中颇具特色，即使在我国其他地区，也极为罕见。

除上述几种规整对称的布局形式外，尚有许多民居，其建筑布局自由灵活，外部轮廓曲折多变。这一方面是受到高低起伏的地形的影响；另一方面也由于逐步扩建宅院时，受周围已建房屋或地形的限制所致。

三明莘口陈宅（图59），是一幢位于陡坡地段的临河住宅。由于宅基陡峻而没有足够的平地来布置规整的宅院，于是将房舍按使用功能的不同，分别成组布置在不同标高的小块台地上。上部为两层的主要用房，包括厅堂、居室、厨房，下部为储藏及牲畜栏舍。右面一组则是厕所及其他杂务用房，并以室外台阶相联系。陈宅既没有方整的内部庭院，又没有封闭的院墙，整幢建筑完全与自然环境融为一体。

古田吴宅（图60）是由前后两部分组成的。前一部分是一个以主厅堂为中心的庭院，方整、对称，是该宅的主体。后一部分，布局灵活巧妙，居住用房与庭园有机地结合在一起，与严谨对称的主体部分形成鲜明的对比。

新泉芷溪黄宅（图61），布局更富情趣。其东、北两侧为弯曲的小溪所环抱，沿溪一侧修有石铺小径，西、南两面为邻宅房舍，在这种环境中，该宅能因势利导，将全部用房按功能分成几组院落，并以主厅堂及前面的水庭为中心进行组合，各组院落的轴线纵横交错，互相穿插，遂使内部空间富有多样性的变化。

再如新泉张宅（图62），前临一溪流，其前庭顺基势而建，呈不规则曲线形式，与自然地形结合得很紧密。

永定五角楼也是由于巧妙利用地形而形成不规则布局的平面形式（图63）。

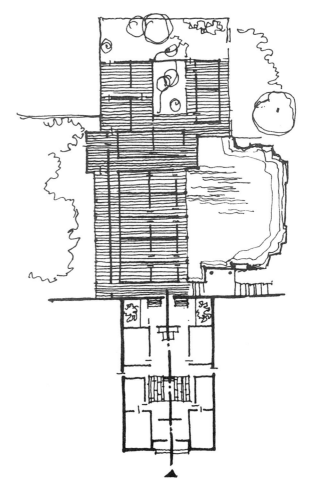

图59　三平莘口陈宅平面图

图60　古田吴宅平面图

自由布局的民居建筑，能因地制宜，在程式中求变化，使内外空间都组织得灵活生动，富有特色，但从以上各例中又不难发现，尽管平面布局千变万化，但其主厅堂一般仍都位于宅院中心部位，高大庄重，始终保持了规整对称、轴线分明的特色。由此可见，以主厅堂为中心组织宅院的格局在福建民居布局中，总是处于主导地位，而宽敞的廊、厅又总是贯穿始终。

图 62　新泉张宅平面图

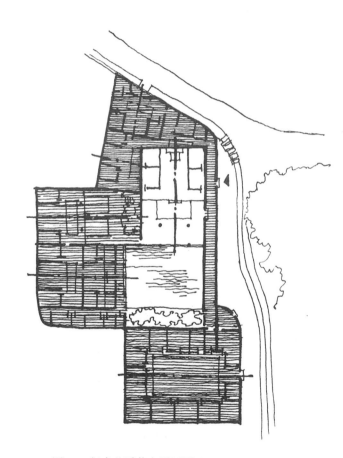

图 61　新泉芷溪黄宅平面图

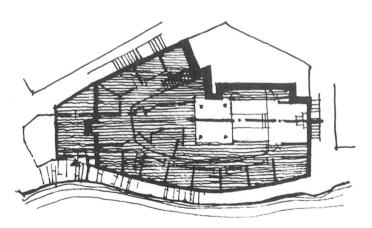

图 63　永定五角楼平面图

第四章

福建民居的内部空间处理

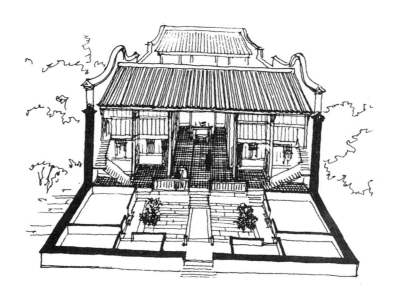

福建民居建筑的布局，虽然大都呈规整、对称的形式，但其内部空间却极富变化，既有高大开敞的厅堂作为宅院的主体，又有与之相对应的各具特色的庭院，创造了不同情趣的生活环境，形成了丰富的内部空间。不少民居，还把园林建筑中常用的亭、台、楼、阁等类建筑，建造于庭院之中，使呆板平淡的宅院空间具有起伏的变化和节奏感。作为过渡空间的通廊，迂回曲折，装饰精细，不仅增加了空间层次感，而且也美化了内部庭院。

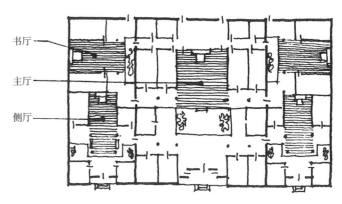

图 64　厅堂分布图

一、高大开敞的厅堂

厅堂是民居中公共活动的场所，位于院落轴线的中心部位，在由众多"院落单元"组合而成的大型宅院中，通常有大小不同的厅堂若干个。按功能和位置的不同，可分为主厅、侧厅、书厅以及前厅、后厅等（图 64）。

主厅供敬神祭祖、举行婚丧寿庆、宴请宾客以及平时接待亲朋好友等活动用。它一般正对入口，在多进院落的宅院中，也有将主厅放在第二进庭院的，但不论稍前、稍后，基本上都置于主轴线的前部，位置十分显要。

主厅堂的空间分外高大，以古田于宅为例（图 65～图 67），其主厅堂的层高达十二米，进深达十七八米，再加上深深挑出的檐口覆盖，更显得主厅堂高大宽敞。而毗邻于其左右的居屋仅有三四米高，二三米宽，形成强烈

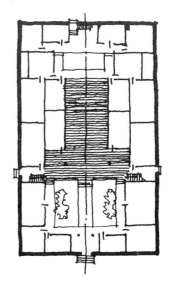

图 65　古田于宅平面图

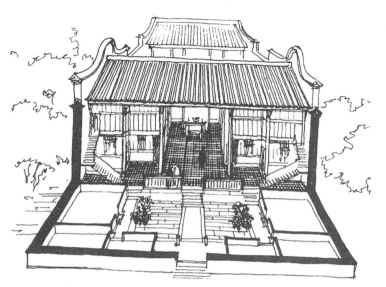

图 66 古田于宅厅平堂剖视图（一）

图 67 古田于宅厅堂剖视图（二）

图 68 建瓯冯宅主厅
堂剖视图

的对比。

为了表示对祖先的尊重，祖宗牌位上方不允许有人走动，故主厅堂多为单层空间。

厅堂空间向其前方的庭院完全敞开，一般不设前后檐墙，只在少数地区装有可拆卸或可折叠的空花隔扇，形成可通可隔，半封闭、半开敞的灵活空间。厅堂与庭院之间一般设有柱廊，有的则在前面出抱厦，与庭院共同组成一

个内外空间互相渗透、互相衬托的有机整体。在多进宅院中，厅堂的后部完全向后庭院敞开，仅以屏风式的木隔断置于厅堂中部，使厅堂前后隔而不断，前后庭院完全贯通，从而使厅堂更加空透开敞。

主厅堂还是炫耀宅主人的社会地位、财力以及文化教养的地方。因此，厅堂是全宅装饰的重点。在完全外露的梁枋、托架、椽头、柱础、门窗隔扇以及祖亭神格、屏风

隔断，甚至家具陈设上，都极尽精雕细刻之能事。在额枋、立柱上还挂有匾额字画，华丽高雅。有些宅第的花饰上还贴以金箔。图68为建瓯冯宅，其主厅堂前出抱厦，并在天花上饰以雕饰精细的藻井，给人以富丽华贵的感觉。

有些地区，为突出主厅堂的地位，增加空间层次，还在主厅堂前建造前厅。前厅是由入口到主厅堂间的过渡空间，它本身并没有独立的功能，只是在大宴宾客时，与主厅连成一气使用，作为主厅堂的补充。前厅多用雕花漏空隔扇围成半开敞的空间，与外部庭院既有分隔又有联通，形成进入主厅的前奏（图69），起着内外空间过渡的作用。

侧厅与后厅是各侧庭院及后庭院的中心，多为接待近亲挚友及女客等使用。同时，也是家人日常供神祭祀、起居活动、就餐和进行家务劳动的地方。其空间形式与主厅堂类似，也是完全敞临于其庭院的，但规模较小，装修也较简单。

此外，在大中型宅院中，还建有书厅。

书厅是供子弟读书的地方，在宅院中并没有固定的位置，但多置于比较隐蔽、僻静的角落，客人一般不能入内。它的空间开敞，装修简单朴素。也有为书厅单建独立院落的，如新泉望云草堂（图70），但这种情况很少见。

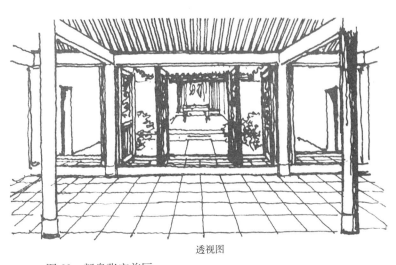
透视图

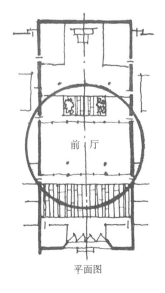
前厅

平面图

图69　新泉张宅前厅

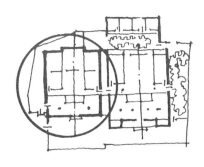

图70　新泉望云草堂书厅平面图

二、各具特色的庭院

为适应气候特点，福建民居中的庭院，一般规模都较狭小，故俗称"天井"。庭院主要为周围房舍的采光、通风以及汇集和排除雨水之用。这种小型的天井式庭院，有利于使室内减少日晒，保持阴凉。

在空间处理上，庭院面积虽然狭小，但因其空间处于四面檐廊包围之中，又与厅堂、通廊等开敞空间互相贯通，从而使有限的室内空间向外延伸，形成一种内外空间互相渗透，互为补充的整体环境。

庭院大都与厅堂一一对应，民间常说的"有厅必有庭"，所指的就是这种对应关系。虽然狭小的庭院空间，只是厅堂空间的向外延续和补充，但常根据与之对应的厅堂的功能特点，而进行精心巧妙地处理，使这块小小的天地，能随之具有多种多样的气氛，它们或庄重严肃、或轻巧活泼、或素淡幽雅、或曲折多姿，使单调的宅院，变得丰富多彩，生机盎然。

●**主庭院**。主庭院与主厅堂呼应，是宅院内主要庭院，呈横向展开的矩形，庭院内常左右对称地设置花坛，沿轴线正中铺以石道，自入口径直地通向主厅堂。庭内的台阶

及地面多以平整的大块石板铺砌，既庄重又整洁。小小的庭院周围是装饰精美，尺度小巧的檐廊及入口门廊这些都有效地烘托出主厅堂的高大宏伟（图71、图72）。

●**侧庭院**。侧庭院与侧厅及其有关的附属用房，组成另一组独立的院落。侧庭是日常生活和家务活动的场所，故庭内常设有井台、石凳、石盆等设施，或点缀一些花木，盆景，与庄重的主庭院截然不同。这里空间小巧，布局灵活自由，充满了浓郁的生活气息（图73）。

在横向布局的民居中，侧庭院内的房舍，由于东西向成排布置，庭院空间往往呈极狭长的形状。这时，常以矮墙、花墙、过廊等加以分隔，使之成为几个比例适度的小型空间。图74～图76是几种分隔侧庭的形式。

透视图

图71 晋江庄宅主庭院

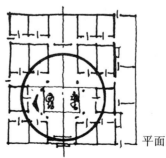

平面图

图 72　古田某宅主庭院

透视图

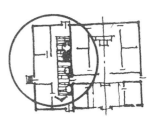

图 73　集美陈宅侧庭院

平面图

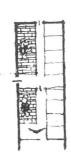

图 75　集美某宅侧庭分隔

透视图

图 76　小陶某宅侧庭分隔　透视图

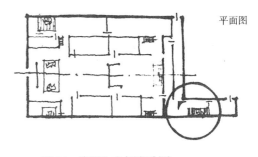

平面图

图 74　建瓯朱宅侧庭分隔

透视图

当侧庭的轴线与主庭的轴线相垂直布置时，则庭院呈三合院的形式。院内依山墙处，常种植花卉或摆设盆景.与主庭相比，似更轻快素雅（图77）。当这种垂直于主轴线的侧庭院与主庭院正好对应时，则多以透空的花墙相隔，借空间的渗透而增强层次变化（图78）。

还有一些侧庭，其轴线虽与主庭轴线平行，但因出现横向狭长的空间。在这种情况下，也需作适当的分隔，但形式与前者不同。图79所示的泉州亭店阿苗宅，是在侧厅前，凸出一个三面开敞的抱厦，将横向庭院一分为二，形成左右对称的两个侧庭，空间虽小，但在饰有精美雕饰的院墙围合下，造成了一种别致的空间效果。

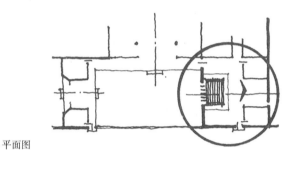

平面图

● **书庭**。书庭一般规模更小，有的仅二三平方米，庭内或仅置一叶小池，或点缀几株花卉，或堆叠几块山石，既小巧玲珑又淡雅恬静。

图78　新泉张宅侧庭与主庭院间花墙

书庭小院的房舍一般很少，通常只在书厅两侧安排两三间，供休息用。其余三面围以院墙或檐廊，把书庭与宅院的其他部分隔离开来，造成一种静谧清幽有利于读书的气氛。

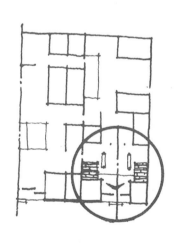

平面图

图79　泉州亭店阿苗宅
用抱厦分隔侧庭

透视图

透视图

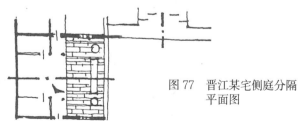

图77　晋江某宅侧庭分隔
平面图

图80、图81分别为建瓯朱宅书庭及宁化罗宅书庭。

●**前庭和后庭。**福建民居中的前庭、后庭一般都较简洁。

前庭，常由院墙及入口大门围合而成，进深小，面阔大，只作为入宅前的过渡空间，兼或用作晒谷坪。出于风水"树木会遮挡财源"之说，故前庭通常不种植花木，显得平整开阔。

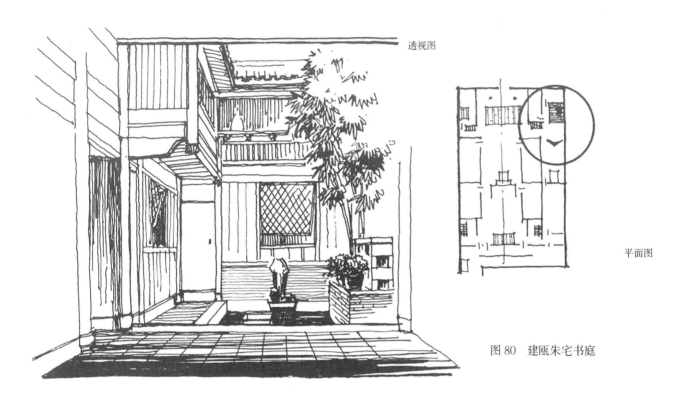

透视图

平面图

图80　建瓯朱宅书庭

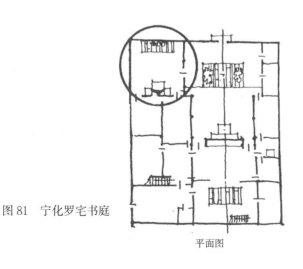

图81　宁化罗宅书庭

平面图

透视图

后庭，布局较自由，多以花木绿化为主，是生活休息和杂务使用的室外场地。一般也只以院墙相围，用房舍相围时，则成为合院式空间。后庭内的房舍尺度较小，装饰简单，故气氛要比主庭院轻松得多。例如福州杨岐游宅（图82）就是如此。再如永春青砖厝的后庭（图83），由于厅前出抱厦，院内设花坛，廊下有空花栏杆装饰，整个庭院气氛轻巧活泼，空间层次也很富有变化。

●**水庭**。除上述常见的庭院形式外，有的宅院，一反传统格调，将整个院子做成水池，故称之为"水庭"。连城芷溪黄宅（图84）就是一例。该宅的主厅堂前，有一开敞的前厅，厅前为一矩形水池，既可养鱼，又可种植莲藕。由主厅堂可透过前厅眺望水庭，岸边又可凭栏欣赏池内芙蓉。水庭的右侧是侧庭前的檐廊，廊前有"美人靠"护栏，左侧为宅院外墙，墙上嵌有镂花格琉璃花饰。正对着主厅的正面白粉墙下，种植一簇花木，成为主厅的对景，院内池水涟漪，波光粼粼，别具一番情趣。

平面图　　透视图

图82　福州杨岐游宅后庭

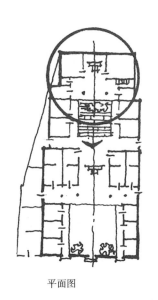

平面图

透视图

图83　永春青砖厝后庭

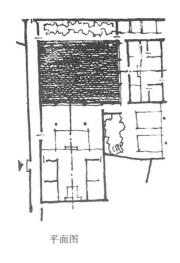

平面图

透视图

图 84 芷溪黄宅水庭

泰宁肖宅（图 85）的水庭院则更加别致，院内横置一道隔墙，将庭院一分为二，内庭种植花木，外庭辟为水池。装饰精美的方亭伸出水面，形成三面临水的水榭。隔墙上开有月洞门与景窗，将内外空间连成一体，相互渗透，互为因借，使小小的庭院空间，层层引深，能给人以深邃幽静的感受。

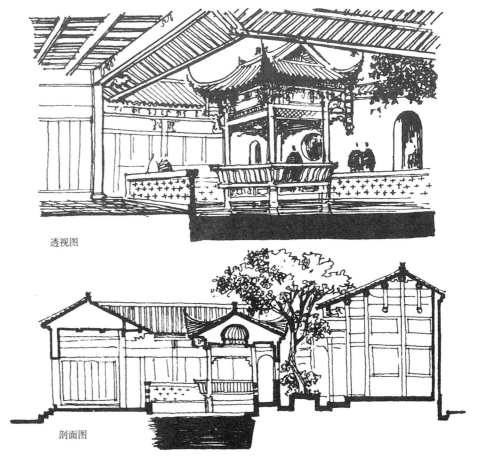

透视图

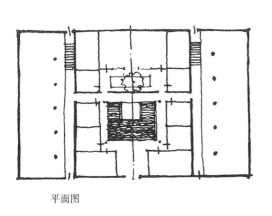

平面图

剖面图

图 85 泰宁肖宅水庭

新泉某宅（图86），采取四厅共一庭的空间处理。在方形的水庭中央矗立一座两层的八角楼，前后有拱桥与门廊及主厅相连，左右是侧厅。四厅前均有檐廊将水庭相围，化方整的庭院为环形空间，虽极狭小，但却富有空间层次。

●**土楼庭院**。大型土楼的庭院，与上面所述的状况全然不同，它完全脱离了"小天井"的空间形式。无论方形或圆形土楼的庭院，都是集多种功能于一处，形成一个大的室外空间，不仅要满足居室采光、通风及户外活动的要求，而且还要设置水井、茅厕、牲畜栏舍及其他杂务用房。特大型的土楼，还将厅堂及部分居室也置于庭院之中。这种庭院，周围是多层回廊环绕，看起来规模宏大，但由于层层房舍居于其中，庭院下部就被分隔成若干个狭窄的环状空间，且由于其功能的繁杂，加之宅内人口众多，互相干扰很大，卫生条件也差。而较小型的土楼庭院，由于不置其他用房，庭院反而显得宽大舒畅一些。

●**上下庭院**。在地形复杂的山区、坡地，不少宅院依山势兴建，从而使一个庭院处于几块不同标高的台地上。此时，庭院分上下几部分组织，并设有台阶相连通。庭院空间出现了竖向的变化。如集美陈宅（图87），坐落于缓坡地带，该宅利用地形高差，将前庭分成上下两部分。上面是宅院的入口所在，下面是由一排生活用房围成的狭长庭院空间。连接两部分之间的台阶置于庭院的左右两侧。中部的挡土墙由毛石叠砌，其上植花卉，其下设盆景。这样的庭院，上庭由于一边无遮挡而视野开阔，下庭虽距入口不远，但却由于空间下沉，而显得安静。

剖面图

平面图

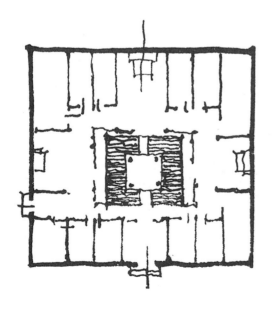

图86 新泉某宅四厅共一水庭

平面图   透视图

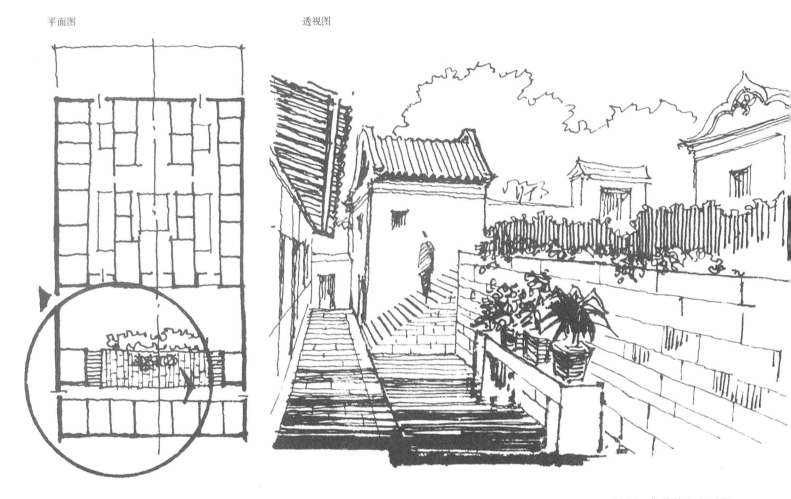

图87　集美陈宅上下庭

　　上杭古田村某宅（图88），是将上下庭分别组成两组不同功能的庭院。由入口进入下庭，是由厨房等杂务用房围合而成的前庭，不对称的布局创造了轻松的环境。居于一侧的石阶通向上庭，这里与下庭的气氛迥然不同。迎面是高大的主厅堂，庭院也方整对称，空间虽然比下庭狭小，但却以高取胜，其庄重气氛并未因其小而显得逊色。永定和平楼（图89），是坐落在山坳内台地上的一幢方形土楼。方形的庭院，随地形高差分为上下两层。主厅堂位于上层

庭院的中轴线上，居高临下，不仅加强了主厅的突出地位，而且也增加了庭院的纵深感。正对入口的两折石阶、轮廓曲折的土墙，以及不对称的绿化处理，均别具匠心。它破除了以直线横切上下庭而可能出现的呆板与僵硬感，使庭院空间既庄重又富有变化。这种上、下庭，四面围以重重叠叠的回廊，形成一个变化丰富而又十分优美壮观的空间环境，从而取得了一般大庭院所难以取得的空间效果。

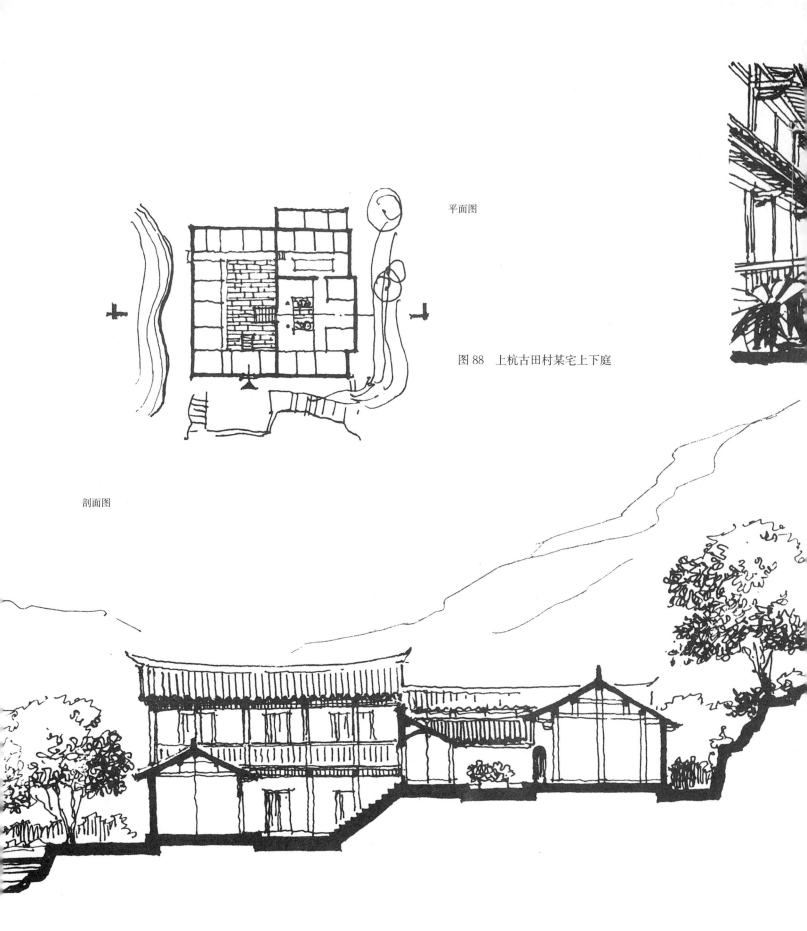

平面图

图 88　上杭古田村某宅上下庭

剖面图

透视图

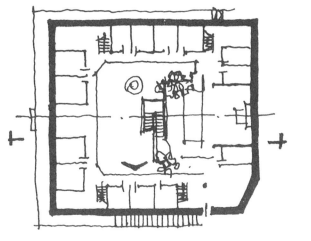

平面图

永定五角楼也采取了类似的手法，利用坡地，以上下庭的形式组织大型庭院（图90），由于该宅平面布局及地形变化十分曲折，庭院空间也显得更加生动。首先，建筑物本身即为不规则的五角形平面，高起的台地又偏于一角，并与二层围廊内的厨房、储藏等杂务用房一起，共同组成不规则的次要庭院。顺屋檐而下的直跑石阶与下庭的入口大门遥相呼应。加之门洞、绿化等具有园林情趣的处理，使这组不规则的庭院形成外围廊舍整体的一个有机组成部分。由于主厅堂正对入口，并置于下庭的后部，在曲折多变的庭院中，虽然没有一个明确的中轴线贯通全宅。但厅堂部分仍然与前厅形成一组对称规整的空间构图，突出了主厅堂在全宅中的地位。在入口处，则巧妙地通过矮墙、花池等建筑小品的处理，起到导向的作用，使整个庭院空间既高低错落又主从分明。

剖面图

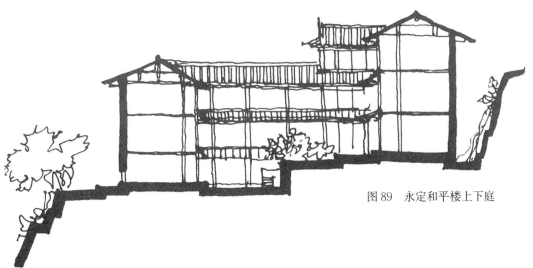

图 89　永定和平楼上下庭

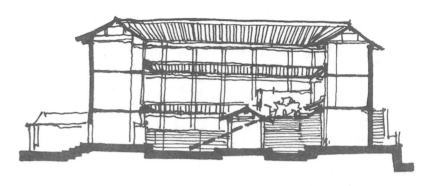

图 90　永定五角楼上下庭

剖面图

透视图

平面图

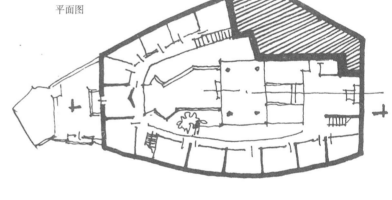

三、自由灵巧的庭园

穿过严谨对称的重重院落，在一些民居的后部或一侧，常常会意想不到地出现一个自由布局的小型庭园。

福建民居的庭园，为数并不很多，迄今保存完好的更是凤毛麟角。从现存的实例来看，一般都以自由布局的屋宇、亭、榭与深水池塘、山石、花木等共同组合而成，作为全宅休息娱乐的处所。随着庭园规模大小的不同，地形

的差异以及受外来园林风格的影响，在平面布局及空间处理上也是各不相同的。

漳州郑宅庭园（图 91），规模较大，位于宅院后侧，整个庭园由四部分各具特色的空间组成。前面有单独的出入口可直接与外部联系，侧面可通过旁门通向宅院后庭，形成既有相对独立性又从属于整体的庭园空间。第一部分是前庭，庭内的主体建筑是一幢三开间的单层厅堂，体形规整、装修考究、供接待宾客用。但这里的厅堂，由于体量比较低矮，颇亲切宜人。在庭院内，还竖立几块山石，再伴以花木，使得园内气氛远比一般主庭院轻松、活泼。

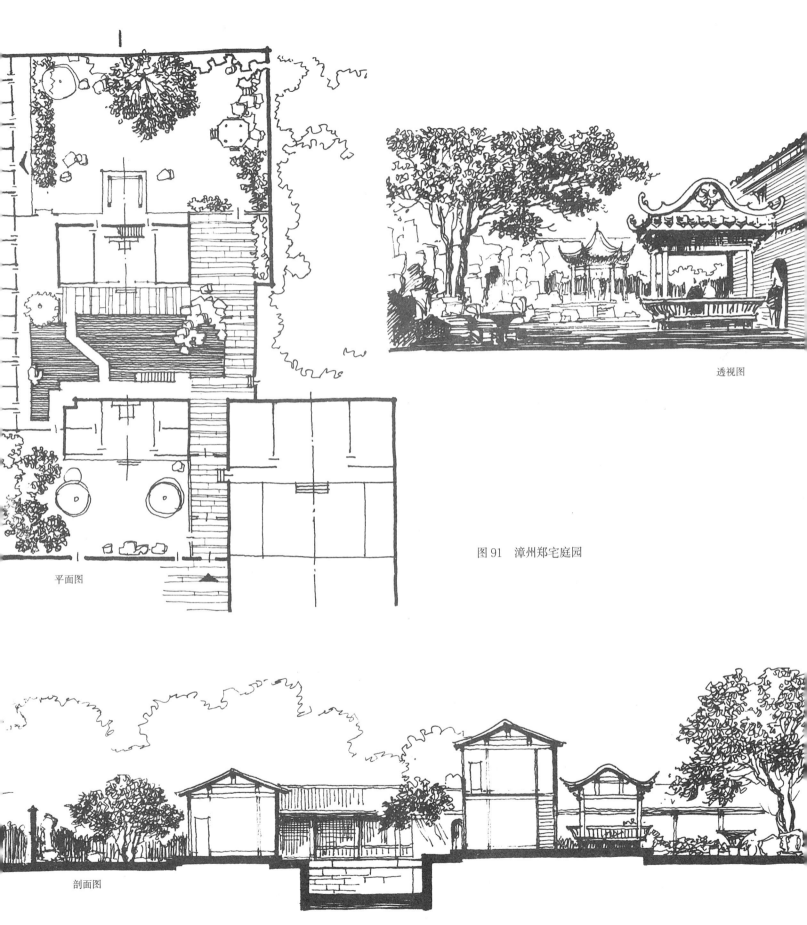

透视图

图 91　漳州郑宅庭园

平面图

剖面图

透视图

第二部分是水庭，其主体建筑为一幢两层的"小姐楼"，顾名思义是供女眷休息活动的地方。楼前濒临一池平静的水塘，池岸曲折多变，并间有山石驳岸。塘中有曲桥凌波而过，起联系前后的作用。左为一排杂务用房，右有通道可抵住宅后部，园内屋宇房舍充满了浓郁的生活气息，而曲折幽静的水庭又创造了清新的园林气氛，与前一部分形成鲜明的对比。

第三部分是后园，由水庭的右侧穿过低矮的花墙便进入"小姐楼"的后院。迎面沿院墙叠有大片山石，陡峭险峻，偶有洞壑，能给人以深邃藏幽的感受。园内尚有方亭、八角亭各一座。在几棵千年古榕掩映下，石几

图 92 福州宫巷刘宅庭园

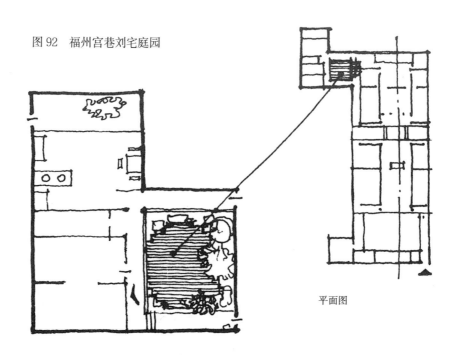

平面图

图93　福州杨岐游宅庭园

透视图

平面图

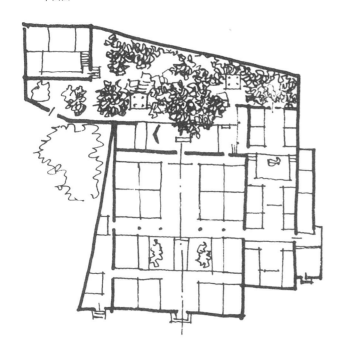

石凳应景而设，形成一个既悠闲又活泼的休憩娱乐环境。

第四部分是果木园，穿过右后角的石洞，是别具情趣的果木园，这里浓荫覆地，花木葱茏，枇杷、荔枝、柑橘等南方果木共植于一园，郁郁葱葱，既可食用又可观赏，并为整个庭园增添活跃的气氛。郑宅庭园，由前到后，层层引深，虽属宅院的附属空间，但却组织得很有条理，不失为福建民居庭园中规模较大，特点也较突出的一例。

福州宫巷刘宅庭园（图92）深居宅院的后部，小巧玲珑，另有一番景色。刘宅位于福州旧城的"三坊七巷"内，呈狭长的纵向布局形式，用地很紧凑。处于这种深街密巷内的宅院，仍不忘辟出一隅以修建庭园，诚可起画龙点睛作用，从而大大改善了生活环境。刘宅庭园，除二、三间居住及杂务用房外，在不到20平方米的一块面积内，凿池引水、堆山叠石，极尽经营之能事，又与典雅的房舍配合得十分得体，与粉墙、空廊结合得十分紧密，诚属难能可贵之举。

此外，福州杨岐游宅庭园（图93）、古田吴厝里庭园（图94）、泉州黄宅庭园（图95）等，也都能巧妙地利用地形起伏而堆山叠石、修桥凿池，并使小巧的亭台或濒临于岸边、或矗立于山巅，从而具有了极浓郁的生活情趣。

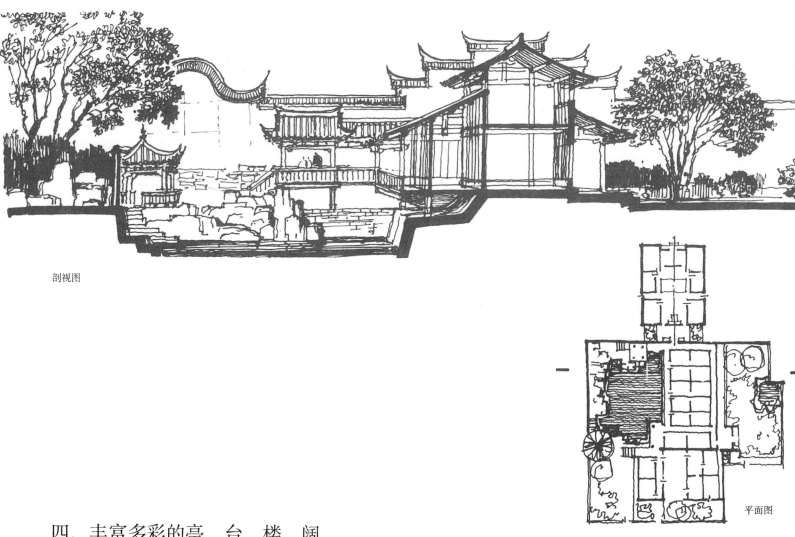

剖视图

平面图

图 94　古田吴厝里庭园

四、丰富多彩的亭、台、楼、阁

　　由于气候湿热，福建民居便以开敞的厅廊作为日常生活起居的空间，而居室及一般用房则相当狭小晦暗，不仅开间进深无显著变化，且装修也比较简单，然而就整体来看其内部空间却并不单调。除前述丰富多彩的庭院可起调节作用外，在一些民居中，还将园林建筑中常用的亭、台、楼、阁等不同建筑形式，按照各自的需要，有机地组织到民居建筑中来。这不仅增加了宅院内部空间的变化，同时也极大地丰富了民居的外部造型。

透视图

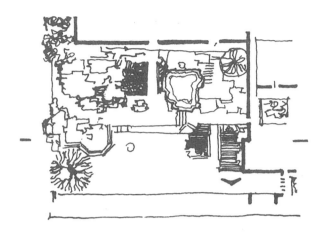

平面图

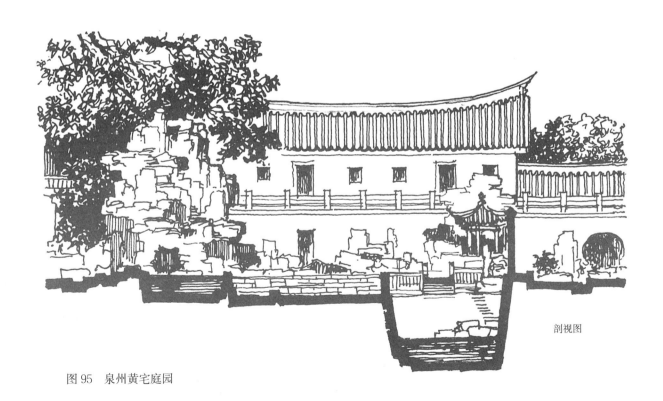

剖视图

图 95　泉州黄宅庭园

外观

图 96　晋江庄宅脚角楼

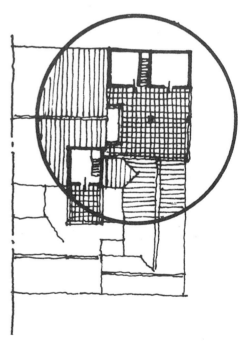

平面图

　　晋江地区的民居在这方面尤为突出。为适应南方温热气候的特点，当地民居多在主厅两侧及护厝后部，建造阁楼，并设有凉亭及屋顶露台，当地称之为"脚角楼"（图96）。这里夏日可供家人乘凉及其他户外活动用，平时则可当作居室。这组建筑，体型轻盈，舒展自由，与下层的主体部分结合巧妙，特别是富有变化的外轮廓线极大地丰富了庭院空间的景观效果。

　　涵江林宅（图97），在入口门廊上设一方亭，并与院内二层回廊连通。方亭本身造型优美，形成宅院中的一景，由于与厅堂共处于一条中轴线上，因而还可以起到突出入口大门的作用。

剖面图

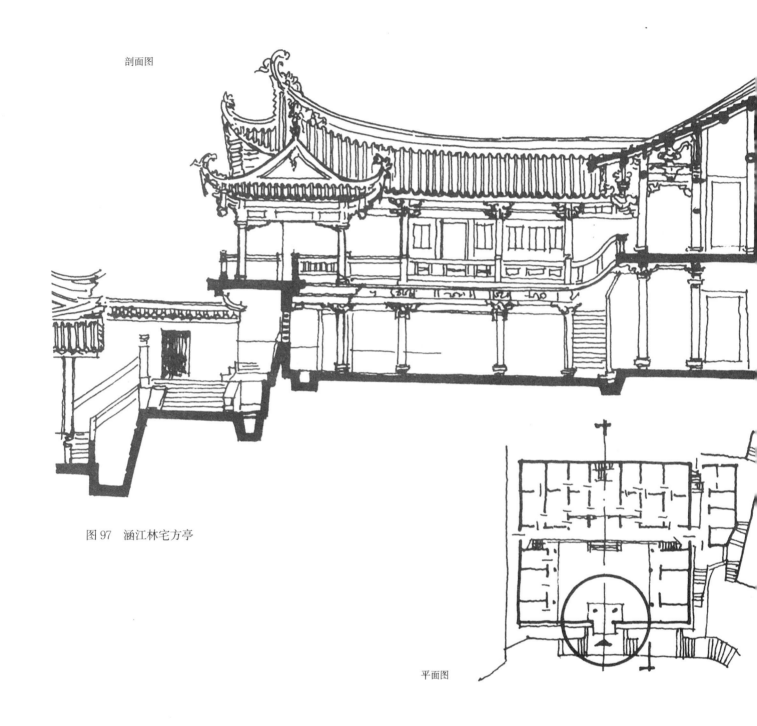

图 97　涵江林宅方亭

平面图

　　有的则利用特殊地形而出现的斜角上空，悬挑阁楼，争取使用面积（图98）。

　　此外，为了充分利用坡屋顶形成的上部空间，尤其是随高大厅堂而升起的上部空间，许多民居还在主厅堂两侧或后部建造阁楼，用以储藏杂物及粮食，必要时还可以住

人。集美陈宅（图99）、建瓯朱宅（图100）、长汀辛耕别墅（图101）等，均属这方面的例子，其中尤以建瓯朱宅最为突出。该宅对次要部分的上部空间，都进行了相当充分和巧妙地利用。后厅、侧屋、书厅等也建有阁楼，空间尺度适宜，经济合用。

平面图

图 98　莒溪罗宅阁楼

外观

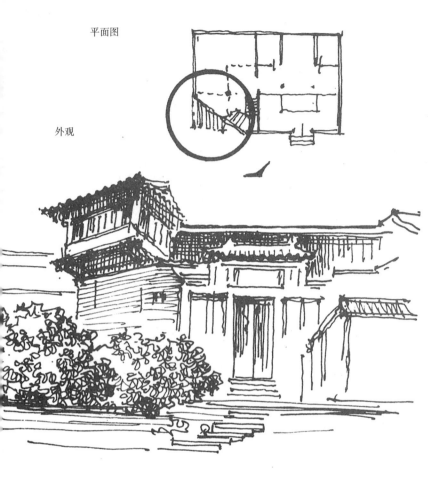

平面图

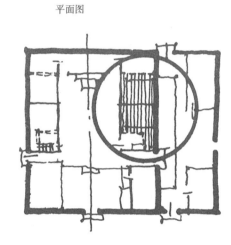

图 99　集美陈宅阁楼

剖视图

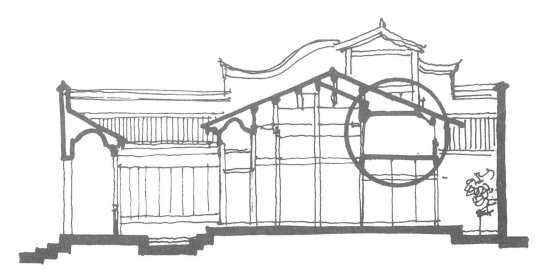

I—I 剖面

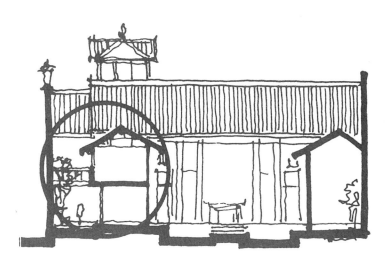

平面图

II—II 剖面

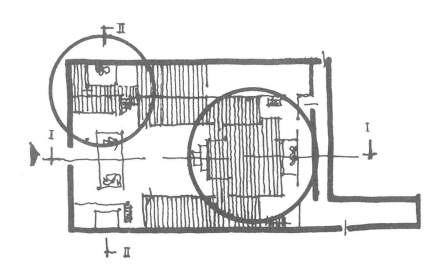

图 100　建瓯朱宅阁楼

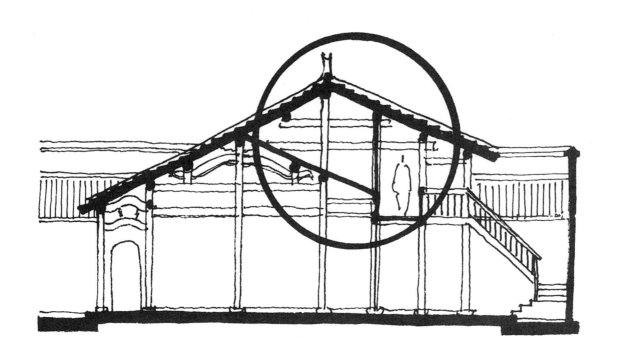

图 101　长汀辛耕别墅阁楼
　　　　平面、剖面图

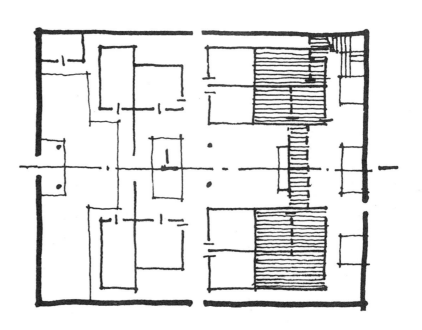

吊脚楼是适应沿河陡坡地形，充分利用空间的一种小型民居建筑。福建溪流纵横，因而吊脚楼建筑也随处可见。这类民居，一侧为商业店面，沿街而建，临河的另一侧则层层出挑，内部空间利用得巧妙，外部造型也极为轻巧活泼。图102、图103都是这方面的实例。

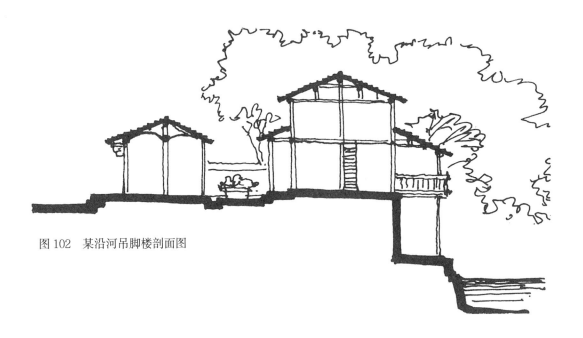

图102　某沿河吊脚楼剖面图

图103　某沿河吊脚楼立面图

图 104 某宅通廊

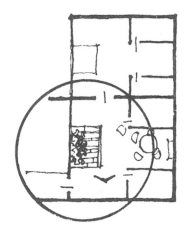

平面图

图 105 新泉某宅侧庭檐廊

透视图

图 106　大田某宅回廊

图 107　下吉山某宅回廊

五、迂回曲折的通廊

通廊是民居建筑的附属部分，但在福建民居中，贯穿全宅的通廊，其面积之大，十分可观。在整个宅院中，它不仅有极重要的使用功能，而且在内部空间的组合上，也起着十分重要的作用。

就功能来讲，通廊是联系各部分的交通要道，同时又是人们活动的重要场所，是厅堂、居室等主要房间的补充。就空间关系来讲，通廊处于室内与庭院之间，起着内外空间过渡的作用，它既是厅堂，同时又是庭院空间的延伸。这样，就使看起来狭小的庭院空间加大了进深，身临其境，并不感到过分局促和拥塞（图104、图105）。至于一些曲廊，有的横穿庭院，有的则随地形起伏而蜿蜒，不仅本身极富变化，而且还有助于增强庭院空间的层次变化和韵律感（图106～图108）。

图 108　永定土楼回廊

此外，由于通廊尺度较小，亲切近人，又常以栏杆、木雕等进行装饰。因此还可借它来装点庭院空间，以打破方整空间而可能造成的呆板和单调气氛（图 109）。

六、起伏而有节奏的空间组合

我国民居中，通常不完全是由功能及具体使用要求来确定房间的大小及形状，而更多地是以固定的对称格式，统一的开间进深，来确定单体建筑的空间体量。这虽然有利于构件的标准、统一和便于建造，但也很容易造成形式

的千篇一律。就福建民居而言，虽然大体上也袭用了这一传统型制，但在群体组合时，却采取了一系列对比的手法以求得变化。诸如以高大、开敞、华丽的厅堂与狭小、封闭、简朴的居室相结合；以严整对称的主体建筑与高低错落的亭、台、楼、阁相结合；以方整的庭院与自由灵巧的庭园相结合等，使民居建筑的内部空间组合极富变化。

晋江庄宅（图 110），采用横向布局的平面。它虽然没有纵向布局的宅院所具有的那种层层引深的空间层次效果，但其纵横交错的庭院组合，仍然可使宅院空间富有变化而免于单调。在这里以矮墙围合成的横向展开的前庭院，整洁宽敞，是入宅的前奏。低矮的门廊是入宅前的过

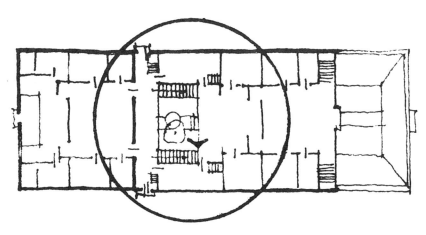

图 109 古田某宅回廊

渡，施加在门廊上精美的水石雕饰，为进入宅院创造了必要的气氛，能给人以华贵之感；进入院门后是方正庄重的主庭院，正面是高大、开敞、华丽的主厅堂，它是宅院的主体，也是全宅的中心；主厅屏风后的空间，虽然在面积上似乎接近前厅，但在层高及装修方面却远远不及前者；步入后庭院又是一个横向开阔的室外空间，这里花木茂盛，布局自由活泼，与前庭相比气氛顿觉松弛得多。

宅院的其他部分主要分布在左右两侧，自主厅的前后两面，均有与之相通。侧庭为几组由花隔墙分隔而成的纵向空间所组成，在规模、形状、方位、布局上都与主庭院迥然有别，能给人以轻松愉快的感受。侧庭内的"护厝"成排布置，空间尺度小巧，置身其中，在情绪松弛之余，回味主厅堂庄严宏伟、雍容华贵，颇耐人寻味。

沿着侧庭后部的楼梯，可登上"脚角楼"，从这里放眼远眺，远山近水尽收眼底。近观宅院，屋宇重重，栉比鳞次，花脊明瓦，瑰丽多彩，顿觉意趣盎然。

庄宅基地西部高而东部低，若处理不当，会给人以不稳定的感觉，该宅在宅院东侧后端，建造了两间附属用房，在前端建造了一幢两层的"埕头楼"，从

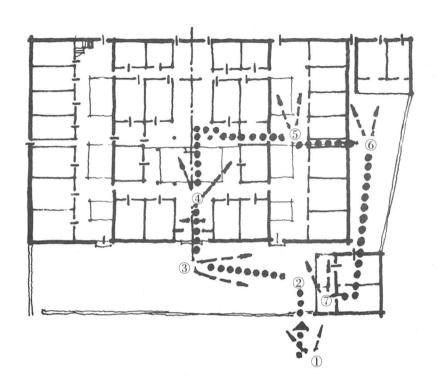

图 110 晋江庄宅

① 前庭院门　② 主入口　③ 埕头楼
④ 主庭院　⑤ 侧庭院　⑥ 外侧庭院
⑦ 脚角楼

①

②

③

④

⑤

⑥

⑦

而取得了构图上的均衡（福建称晾晒谷物的场地为"埕[Chéng]"，相当于北方的"场"，许多民居的前庭院兼有埕的部分功能，庄宅把建于前庭一角的楼房称之为埕头楼）。

该宅的"埕头楼"，飞檐舒展自由，柱廊、栏杆生动活泼，大大增加了宅院外部体型的起伏，加强了入口部分的分量，也打破了由于横向前庭过分狭长而造成的空旷和单调感。

图 111 新泉芷溪黄宅

①

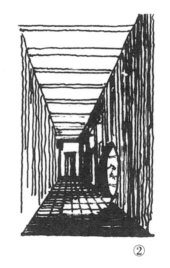

②

③

④

① 简洁的入口
② 深抑的通道
③ 庄重的主庭
④ 开阔的水庭
⑤ 雅致的花墙
⑥ 小巧的侧庭
⑦ 优美的庭园
⑧ 幽静的后庭

这座"埕头楼"在当地是唯一的,因此,就成为该宅的标志。

由于当地传统的影响,庄宅房舍相对低矮,但随着上述一系列的空间处理,使整个宅院形成变化相当丰富的群体空间组合,再加上优美起伏的屋顶轮廓,技艺精湛的砖、石、木雕刻等内外檐装修,构成了一幢相当完美的民居建筑。

芷溪黄宅是一不规则的平面布局(图111)。黄宅的入口处理得极其简单,在一面砖墙上仅开一矩形门洞,且无任何装饰。进门后向右,穿过狭窄的通道,再经月洞门便进入主庭院的前厅。前厅宽敞开朗,右为主厅堂及主庭院,左为一水庭。这种处理手法与一般位于主轴线上的入口完全不同,巧妙地借欲扬先抑、欲放先收、欲繁先简等对比手法而收到良好的空间对比效果。由水庭的右侧可转入一组小巧的侧庭院。侧庭由前后两进组成,房舍低矮,庭院狭小,空间亲切宜人,是该宅生活起居的主要部分。

⑤

⑥

⑦

⑧

由侧庭的旁门还可进入另一组院落，这是一处别致的小型庭园。前有假山、石亭、鱼池、拱桥，后有两层的楼厅，底层为居室，楼上除居室外还有一圈回廊，围合着一小天井，是该宅的休息娱乐场所。

庭园的一角有小门可与前厅相通，侧门又可与后庭联系，由于地形曲折，后庭呈不规则的布局，其气氛幽静而静谧。在宅院的北端，为宽敞的贮藏院落。东南角是一小型侧院。这些都是该宅的附属部分。

黄宅共由七部分组成，除后庭外，各自都呈对称布局，并有明确的轴线。各组院落方位不同，功能各异，且气氛也都有明显的差别。但各组庭院组合成整体时，却能随地形、道路的曲折而变化，因势利导，不为固定的程式所限制，从而使整个宅院既完整协调，又紧凑灵活，不失为福建民居建筑中的佳例之一。

第五章
福建民居的结构、材料及外部造型

民居建筑的外部造型与结构、材料以及地区特点有着密切的联系。因而在谈到福建民居的外部造型时，也必然会涉及这些问题。由于我们这里侧重于从建筑设计的角度研究福建民居，所以本章的重点仍然是外部造型。为了说明问题也简略地论述到材料与结构的问题。

一、木构架结构体系

就地取材，因材致用，是民居建筑通常遵循的基本原则。如前所述，福建满山遍野是松杉树木，高大挺直的木料成为得天独厚的建筑材料来源。加之木材易于加工，便于加建和改建，所以木材被普遍地用作福建民居的承重结构。所谓木构架就是指木柱子直接落地，柱上面有梁、枋、檩、椽等木构件，它们之间以榫卯为铰，互相穿插搭接成一整体，来承受楼板及屋顶的荷重。

在福建民居中常见的木构架有：

●**穿斗式的构架**。落地的木柱上直接架檩，檩上放椽，屋顶重量直接传给柱子。穿枋不承屋面重量只起保持柱子稳定的作用。在柱间距稍大些的构架中也有在两柱间加一童柱的。童柱落在穿枋上。图112所示是福州楔兜某民宅厅堂剖视。木柱石础，柱上为檩，穿枋作为柱间横向支撑上雕有花饰，童柱与枋交接处也作雕饰。厅前檐廊椽也做成弯弓形，使檐廊天花形成强烈韵律。图113所示长汀辛

耕别墅，是装饰较少的一例。柱间距较小，每一檩下一柱，只在厅堂部分以两童柱代替落地柱，加大了柱子的间距。

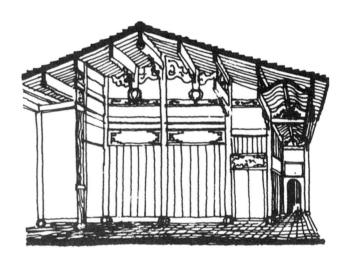

图112 福州某宅厅堂剖视图

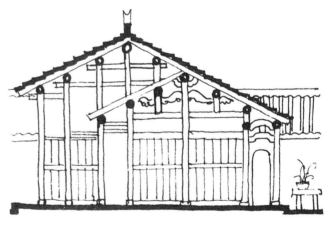

图113 长汀辛耕别墅厅堂剖面图

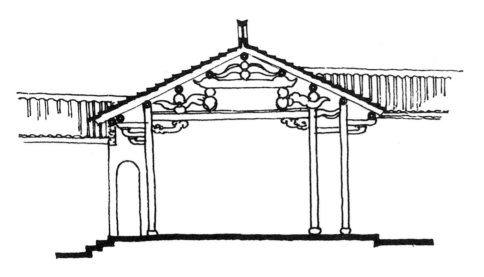

图 114　三明列西吴宅厅堂剖面图

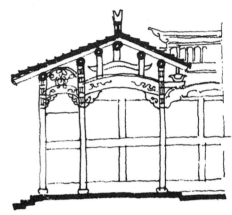

图 115　新泉张宅前厅剖面图

●**抬梁式构架**。柱子上面架梁,梁上承檩,檩上有椽。屋面重量通过檩、梁传到柱子上。这类构架在进深较大的厅堂中常见。图 114 所示是新泉张宅前厅,前后两根柱上架梁,梁上承檩,中间所有檩都通过童柱架在梁上。新泉民居常把梁做成向上弯的月梁,两端雕花如图 115 三明列西吴宅。这样不是每个檩下的柱子都落地,从而加大了柱间距,相应的每柱所承重量增大,柱径就随之加粗。图 116 是龙岩地区的新邱厝,也属于抬梁式构架。其檐檩是由柱上挑出两斗栱承担,也有的出一跳斗栱如图 117。脊檩及其下的托拱和童柱做法及雕花样式多如图 118、图 119 所示。

●**局部使用两三步梁架的构架**。由于平面进深大小不同,常做成大小两部分空间,或因材料长短不一而采用此种结构类型。图 120 是三明某宅前厅堂。其前厅进深大,后厅进深小,则分别采用了三步梁和双步梁。

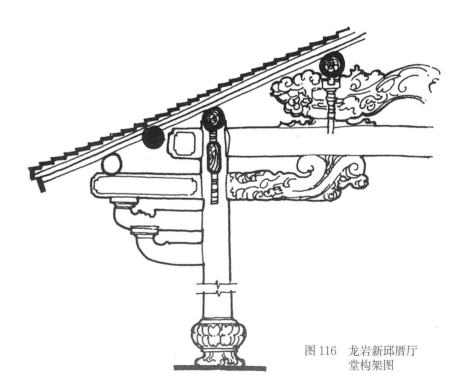

图 116　龙岩新邱厝厅
堂构架图

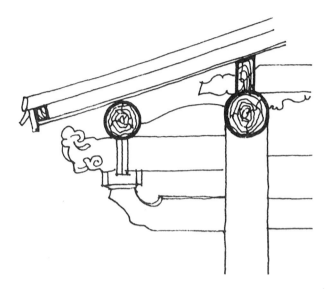

图 117　檐部单挑斗栱

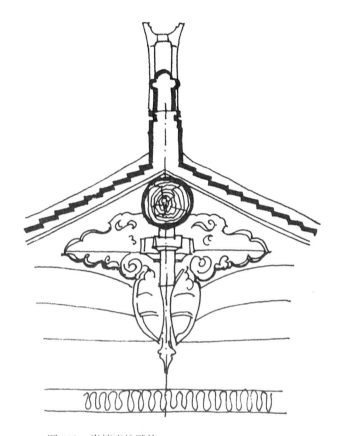

图 118　脊檩童柱雕饰

图 119　童柱的雕饰

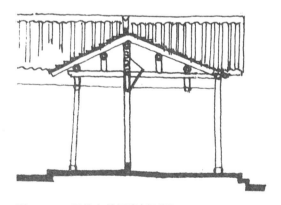

图 120　三明某宅前厅堂剖面图

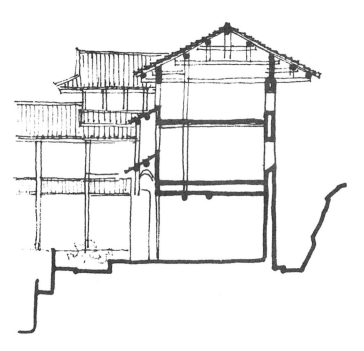

图 121 永定某土楼剖面图

图 122 防火巷

图 123 防火墙

土楼民居结构以内柱外墙承重（图 121）。

当地把进深方向的一排木构架，柱、梁、檩等称为"一缝"。将一缝之梁架以檩或枋木连接起来，就成了房屋的骨架，承受屋顶和楼板的重量。大部分福建民居的墙体只起围护作用，不承受屋顶的重量。也有部分外墙是承重的。由于木构架的防火性能差，在规模较大的民居中，常常以封火墙或防火巷作为防火隔断，同时也加强了房屋的稳定性（图 122、图 123）。

二、材料及围护结构

由于在民居建筑中各地运用不同的建筑材料和采用了不同的传统做法，因此各地区都保留了自己的明显特点。

●**沿海及交通文化发达的地区**。制砖技术较高，砖瓦应用较多，而且泉州地区还可以烧制深浅不同花纹的机前，在砌墙时可以拼砌许多种图案花纹。这些地区的民居就多用砖砌筑外墙。为了防水隔潮多以石砌基础，而其砌筑高度，所用石料等却不相同。沿海一带以条石为基，砌筑到腰线高。集美、晋江、泉州等地民居的外墙常以惠安青石来雕饰腰线、窗套，墙裙柱脚等建筑细部。以青石雕件砌筑于白色条石基与红砖墙之间，色彩、质感变化丰富。雕刻中的人物、花鸟鱼虫栩栩如生，深受人民喜爱，也使得这些砖石民居大大生辉。在山区就地开采毛石为墙基砌筑时不如条石规整，但也有独特的质朴风格。而龙岩等处民居又以河卵石为墙基，色泽红褐质地光圆，与砖墙恰成对比。由于材料和地区特点，从而赋予不同地区民居外部造型以不同的面貌。

●**在山区**。产木材较多的地区常以木板作墙，内隔墙及外围护结构都以木板为主。为防潮也有以砖石为基的。这类民居轻巧、灵活，便于拆改接建，体型也开敞多变。

●**闽中及闽西山区**。采石用土方便，因而围护结构多用红褐卵石砌筑墙基，黄红色素土夯筑的厚厚土墙为墙身，简洁、封闭，成为闽西独树一帜的土楼民居。

总之，由于不同地区的建筑材料不同，施工技术与经验不同，民居建筑虽然都以木结构为承重体系，但在外围护结构上都有砖石、木，土筑之分。这些都影响到它们的外部造型，并使各类民居具有不同的处理手法和造型特点。

三、外部造型

福建民居的外部造型十分丰富，有其独特的艺术风格。为了对它的各种形式有一概括的介绍，且以其外部围护结构的不同来区分为三类；

砖石作围护结构的民居；

木围护结构的民居；

土围护结构的民居。

通过对于它们中的各种实例分析，说明各类民居建筑的造型特点及反映它们在构图手法上的无穷变化与经验，以期能为今后建筑创作所借鉴。以下仅就三类建筑的外部造型举例分析：

●**以砖石作外围护结构的民居**。这类民居是福建民居建筑的基本类型之一。主要分布在沿海及交通发达的地区。例如福州、泉州、晋江、厦门等地；闽西漳平、龙岩、新泉、连城、古田等地；闽西北泰宁、建瓯等地就是；其他各地也都有一些砖石作围护结构的民居。其传统做法各地区都有自己的独特之处，形成各自的独特风格。

晋江地区可以青阳庄宅为例。泉州附近的晋江，交通发达，经济条件好。青阳镇是晋江的中心地带，镇上深宅大院成片，街巷道路成网，现存完好的宅院许多都有百余年至三百年的历史。这些宅院外观重楼飞檐，青瓦翘脊，组成十分生动多变且丰富的外轮廓。所谓重楼飞檐，是指这些宅院常常把一些亭、台、楼、阁和住房居室组合在一起。建成一组高低起伏的屋顶。这些屋顶弯脊翘角，丰富多彩。如有的宅院在两侧厢房顶部升起阁楼和凉亭；有的在后院角上作"脚角楼"；也有在前庭建有"埕头楼"；还有在中庭建造八角亭。它们有的作两三层，有的作重檐，翘起的屋角形成优美的屋顶轮廓。所谓青瓦翘脊是指这里的住宅都是用青瓦盖顶，主要房间都是前后两坡顶。在屋脊处往往作两边向上弯曲翘起，并有各种花纹雕饰。硬山花处也作各种山花处理。在多变的屋顶上又加华丽的装饰，看上去更加动人。晋江的宅院多数都重点装饰大门入口及主要厅堂。当地擅长木雕，青石雕及绿琉璃花饰，在入口处作重点装修，对于突出重点起了很大作用。

晋江，青阳庄宅的侧立面（图124），主厅堂在后面，屋顶高大，又有脚角楼，后部的分量显得很重。而在低平的前院作起一栋两层高的埕头楼，则可与之相平衡。庄宅的屋顶处理是硬山露明，主要房屋作向上翘起的弯弓形屋脊，次要配楼作卷棚屋顶。山墙做成云形曲线，山花重点

图 124　晋江青阳庄宅侧立面图

图 125　晋江青阳庄宅大门入口

雕饰。山花下又做披檐，既能挡雨又可丰富立面变化。这种两坡加披檐的屋顶做法从正立面看上去，类似歇山顶。整个屋顶的处理既有主次又有变化，又并以青瓦红砖、石础所统一。庄宅的入口以精细的青石雕装修，人物故事栩栩如生。入口两旁侧墙，以红色深彩条砖拼砌成图案花墙面，腰线以青石雕分开，下墙基是条形花岗岩所建，基脚也做石雕圭脚，砖砌壁柱做青石雕柱础（图 125）。

　　泉州，晋江一带民居不以高墙相围，整栋房屋体形组合的极富变化，入口装修处理也十分精巧细致，在福建民居中属开敞明快的一种类型。这一地区的有些民居，受北方民居及宫廷建筑与当地庙宇建筑的影响很大。如泉州的较大型民居其宅院入口偏于一角，做不对称的处理类似北京四合院民居布局。此外，如垂花门及屋顶，檐口的处理也很类似，其做工精巧，坚固耐久，装修华丽等都反映了这一地区的民间匠人的高超技艺。

　　永春新建路 8 号"青砖厝"，建于清宣统二年（1910 年），有百余年的历史。这栋房子小巧精致，以中轴线上的大门门楼为重点，两侧以低矮围墙与两厢的山墙相连。山墙上有山花装饰，下有一窗，并有一小侧门通向两厢房前面的走廊。围墙低矮可以露出正厅屋顶的起翘与镂空花瓦脊饰。围墙以青色片瓦压顶，墙身上正门两侧各有一以绿琉璃拼花的扁形漏窗，打破墙体封闭感，使院内外空间通透而有联系。外墙以六角形石块砌筑基础，上面是青灰色砖墙。与晋江地区的红砖不同，能给人以素雅秀丽之感。门楼高出围墙，其屋脊及屋角都向上翘起。这座民居体形丰富，

主次分明，装饰繁简得当，比例尺度亲切近人，是小型砖厝中比较成功的一个例子（图 126）。

这种中轴对称的建筑布局是比较多的. 一般都是以正门入口为中心左右对称布置围墙，侧门及山墙等。龙岩"新邱厝"就是一个典型实例（图 127）。该宅地处马路一侧，地平低于马路标高。在路边看去可以俯览全宅屋顶，它以正门入口为轴，左右各有一圆形和方形漏窗，及一侧门与山墙。入口后面是层层增高的两进厅堂的屋顶。都是中间高，两侧低。整个外形完整统一，变化有秩。

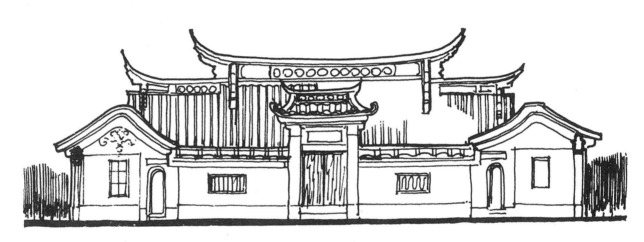

图 126　永春"青砖厝"立面图

图 127　龙岩"新邱厝"立面图

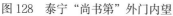

图 128　泰宁"尚书第"外门内望

图 129　泰宁"尚书第"主要大门

　　泰宁"尚书第"又名"五福堂",是一古老的大型宅院,五条轴线上的五个大门口面向福堂巷敞开,在巷内只能见到高大的砖砌围墙及五座门楼。门楼上以仿木水磨青砖斗栱和匾额装饰,匾额之下有四个门簪,雕刻卷草花纹等图案。第二栋门,是五栋中的主体,它的门前两侧有两米高的大抱鼓石。雕刻精巧。五栋房四周都以封火墙相隔。封火墙均以砖砌筑,高大平整,墙脊用砖出挑两层,并用瓦片或石板压盖。前面巷中的四道封火墙,均以两层水磨青砖斗栱垫托三道薄砖,其上加盖瓦片,以保护墙壁不受雨水淋湿。从福堂巷内望,重重大门,透视感很强,又似框景,随人步移而景异。这一组建筑气势宏伟,是福建省现存最早的大型官邸,经历了三百六十多年至今尚保存完好(图 128),已被列入泰宁县级文物保护单位(图 129)。

　　亲切小巧的集美陈宅:受爱国华侨陈嘉庚先生的影响,集美学村教学楼建筑高大漂亮而学村住宅小巧、简朴、方便适用。学村住户多以小家庭为主。许多住房为一正两厢的三合院组合。图 130 是集美陈宅的外观。它的沿街立面是由厢房的山墙、入口大门及院墙所组成。以素白的条石墙裙统一整个立面的所有部分。主要入口作高出的门楼,条石门框挺立两旁,门楼做两坡青瓦屋顶,脊部做少量装饰。大门的两面接低矮的院墙,墙面有雕刻纹样。两厢山墙装饰简单而有特色的山花,山墙面以石板立柱作窗,简洁大方。侧院的厢房为后来加建的,山墙稍低,装修简单,可起到烘托主体的作用,整栋建筑主次分明,尺度合宜给人以亲切之感。

新泉张姓，是一大户人家，人称"张百万"。他家住宅坐落于一片农田之间，主体建筑坐北朝南，大门入口倒置于西北侧（据说是出于"风水"的考虑）。张宅的入口立面就是由斜向西北的歪门和西厢的背面所组成的。是一不太长的立面，与一般中轴对称的处理大不相同。西厢坡顶由后向前层层叠落，门楼又做成重檐形式，前配房屋顶低平，又伸出矮墙挡住门口的西面，避免视线直接看到内院，同时也起到引导客人入门的作用。矮墙顶自南向北，由高向低层层叠落，富于层次变化。在青瓦灰砖的立面之中，雕饰精美的白石大门就格外显得突出，使人一眼就会找到主要入口。由于大门是斜向的，在南面也看得到它高出配房屋顶的重檐轮廓，起到丰富南立面的作用（图131）。

图 130　集美陈宅外观透视图

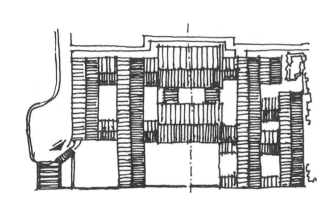

平面图

侧立面

图 131　新泉张宅

图132　蒲田江口某宅外观透视图

　　蒲田江口某宅（图132），白色条石基础下脚做圆滑曲线放脚，使整栋房屋看上去稳定舒展。其上部砌筑规整的砖墙，角上高起的门口处理，两层楼的悬山屋顶挑出山墙外，都有丰富的变化。整栋建筑各部分互相呼应，丰富而不杂乱，达到了它特有的和谐统一的构图效果。

　　●以木材为围护结构的民居。这类建筑从承重结构到围护结构，全部使用木材建造。木建筑类民居主要分布在盛产木材的山区，可以西部的崇安、建瓯、三明、长汀等地为代表。

　　木建筑是我国传统民居建筑的基本构造方式之一，它流传很广泛，特点也突出。木建筑民居在造型方面明显地反映出木结构的特点，灵活、自由，适应功能及扩建发展的变化。给建筑平面组合、体型变化、构图手法的运用等带来许多方便。因而木建筑的民居高低错落，主次分明，体型变化灵活多样，空间开敞流通。在福建民居中常在露明的本色木构架和木板墙上重点装饰些木雕花纹，轻快、活泼、朴素、自然，与山村环境十分协调。这些特点给人以深刻的印象。

三明列东旧街魏宅，是一栋全木的二层楼民居建筑。它以木梁架承重，以木板作外墙，悬山屋顶出檐很大，以防雨淋日晒，保护木构架及木板墙。梁架外露，山墙部分作防雨披檐，前后出檐及山墙披檐对于二楼内外围廊起了防雨的作用，也可使立面具有开敞的感觉。挑廊打破了外墙的平直，形成了阴影变化，使外形更丰富生动。在立面入口处，挑廊宽度加大，并把栏杆改用"美人靠"形式，更突出了入口。柱子的间距按一定的规律排列。明间稍大，次间稍间相同，使立面入口显得宽阔明亮。外形处理还运用了虚实对比的构图手法，楼下一层墙用木板封闭，只开门窗洞口，楼上一层布置敞开的挑廊整齐的栏杆和列柱，形成下层实而收进，上层虚又挑出的对比效果。而且挑廊除有统一的列柱和栏杆外，又有"美人靠"的栏杆重点装饰，更增加了变化。随建筑层高的变化，挑廊也随之作了前低后高的安排。这些构图手法的使用，使得整栋建筑外观线条丰富，自然开敞，轻巧而明快，显著地反映出了木建筑的特点（图133）

长汀沿河桥头所建的二层木楼，是一商店与住宅结合的木建筑。它以木柱作支撑，向河面上悬挑。底层只有一间作服装店面，二层由于悬挑，有两间居室。这就是向空中发展，即所谓"借天不借地"。以木板作外墙，重量轻，施工方便。它造型轻巧、开敞，屋顶作长短坡。在山墙窗口上做防雨披檐。体型变化活泼，虚实对比明显，具有木结构建筑的独特风格（图134）。

崇安、建瓯一带沿河木建筑也很多。它们多半沿河边作"吊脚楼"，向空间发展，争取建筑面积。它们往往是建筑在街道与河流之间，前面沿街为商店，后面临河为住宅。就是所谓前店后宅的小商之家，或小手工业者之家。住宅规模不大，从河边看去，下空上实，有的还做挑台、木栏杆、轻巧开敞（图135）。

图133 三明魏宅木楼外观

图134　长汀沿河桥边木屋

图135　建瓯面街背水住宅

　　安远某宅，顺河岸斜坡而建，以木柱伸入河边浅水中作支撑，做成悬挑于坡岸河边的架空房屋。它们的轻巧、通透，与山崖石壁的厚重、坚实形成鲜明对比。在群山环抱的水边建筑轻巧、开朗的小宅，在绿树青竹之间越发显出木料本色的素雅清新。这类木建住宅屋顶出檐都较大，山墙处作雨披檐。二层有挑廊外部造型轻巧活泼，立面阴影生动，一层用石料做墙基，既能防潮又与架空的一侧做对比，效果很好。图136是安远水边坡地住宅。山墙处的木构架也采用露明的形式，坦率的表露结构的处理，显示出民间建筑自然淳朴的本色。

图 136　安远水边坡地住宅

三明莘口陈宅是一依山面水、自由布局的民居建筑，是建在山前台地上的二层木楼。它的主要房间建在最上一层台地上，顺坡而下做有木制吊脚楼式的平台，用以晒衣晾谷。出门可上平台眺望河边景色。再下一层做了整齐成排的牲畜栏舍。通过高高的台阶再向下是河岸水边。正立面看上去高低错落、层次分明。交错的青灰瓦顶，悬挑向前的二楼居室，面向台阶的侧开门厦，都反映了木构建筑的灵活特色，也表现了变化多样的空间和形体。陈宅巧夺天工，利用了自然景色与周围环境，屋后是绿荫覆盖的崖壁，有潺潺山泉下泻。左面为宅院与菜地，右侧台阶下来以后过水沟是邻舍宅邸，以其低矮平直的体量而与陈宅形成了很鲜明的对比。正面顺石阶而下，既可通向村中小路

又可直下河边巨石上洗衣、取水。左前侧河流上游有湍急瀑布顺阶梯叠落而下，气势壮阔，声浪滔滔。在这难得的美好环境之中住在陈宅可饱览自然美景。建筑的丰富的体态为这美妙环境增加了一个景点，使这山水更加秀丽（图137～图139）。

三明列西吴宅是一座古老的木建宅院，侧面典型地反映了木建筑的特色。山墙挑檐较大，保护住山花露明的结构。在坡檐下是标准化的列柱，柱间钉木板。建筑坐落在石台阶上，前面有庭院和大门，后面花园种树栽花。后厅大而高是主体建筑，前面是小而低的前厅，主次分明。本色列柱加强了节奏与韵律。整栋建筑在构图手法上做得既有变化，又完整统一（图140）。

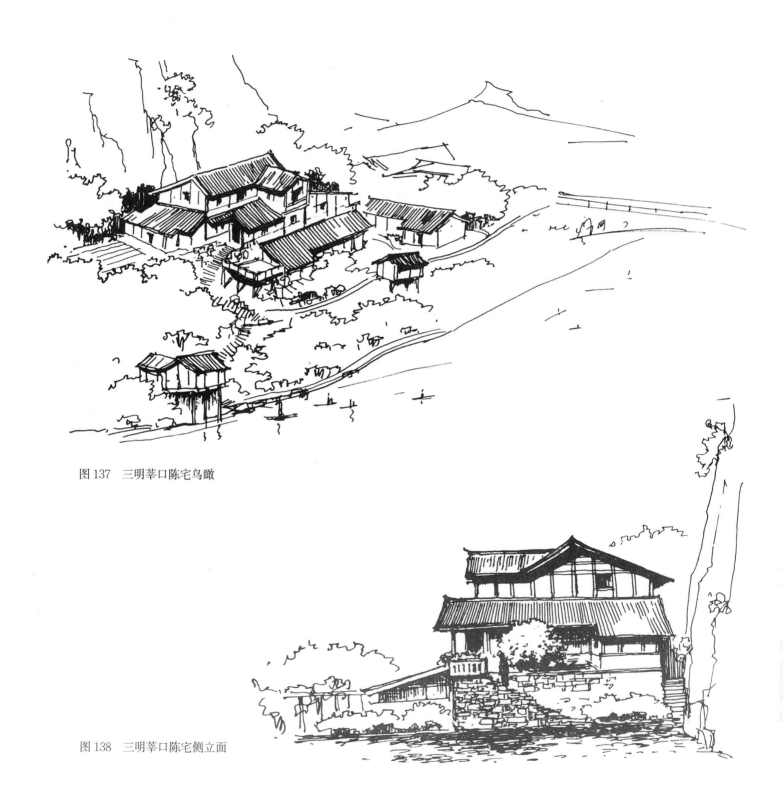

图 137　三明莘口陈宅鸟瞰

图 138　三明莘口陈宅侧立面

图 139　三明莘口陈宅透视图

图 140　三明列西吴宅

●**以夯土墙作围护结构的民居**。即所谓土筑民居，是指内部采用木结构承重体系，围护结构用土。由于福建多山，取土方便而形成的山区民居建筑，其外部造型特色鲜明，在福建山区世代相传、沿用至今。现存的土筑民居为数不少，而且还有的是现代新建的。土楼民居以厚实高大的黄土墙围合，门窗少而小，灰瓦屋顶，给人的印象厚重、封闭、粗犷而豪壮。

在这些土筑民居中又可分为两类：

一类是山区崇安、建瓯、中部古田县等地，分散在各处的土木建筑的民居。它们在平面形式上大体与砖石建筑或木建民居相似，用中轴对称，组合院落的手法。不同之处在于它们四周以高大封闭的夯土墙相围。在各厅堂的山墙处做成硬山封火墙（当地称为"马头墙"），高出屋脊与屋面，随屋脊与屋面的高低变化而高低错落。屋脊处的马头墙最高，随屋面向两边斜下而向下叠落。马头墙形式多样。有平行阶梯形、云形、鞍形等许多形式。它们的丰富变化，给外部造型的艺术处理创造了有利的条件，这类土建筑虽然外观封闭，但并不呆板。马头墙的高低错落、长短变化，造成了丰富鲜明的外形轮廓。用以下几个实例来说明。

古田县松台某宅是一座由大门和三庭两厅所组成的宅院。大门两侧是两个高高的炮楼，作保卫和瞭望之用，也存放一些粮食。宅院四周筑起高高的夯土墙，这种夯土墙是把当地新挖出的黏土放置一两年后，待到黏度合适再进

行夯制。施工时用一米五左右的木模板，依墙厚两边放好，再配置黏度合适的黄土分层放入夯实。夯几层后放一些竹片或木棍以增加土墙间的联系与强度。夯好一板后再移动模板，这样一板板夯筑。保持合适的湿度是夯筑时十分重要的问题，也是影响土墙的强度或开裂等的主要因素。这在当地已积累了丰富经验。这种夯土墙表面粗糙，板缝交接处有明显的缝迹，宛如现在的混凝土大型砌块砌筑的高楼。黄红色的粗质土墙，配以深青色细质板瓦压顶，褐色的河卵石础，十分谐调。松台某宅大门两侧的土炮楼，用小青瓦作四坡顶，体型挺拔向上。土炮楼的实墙面上不规则地开着几个小观察洞口，在简洁的体型上有精巧而灵活的窗口的布置，使得构图上有生动的变化。中部入口及围墙低矮宽阔，与两边炮楼的高峻形成鲜明对比，以突出中轴线上的入口。在它的侧立面上，前面是土炮楼的四坡尖顶，中间是全宅最大的厅堂的高大山墙，在山墙的顶部的马头墙做成平行阶梯形的三次跌落，脊端微微飞翘的角饰，使平直的墙头变得生动丰富。后面一进的厅做成两层楼的生活用房，虽是两层楼，但它低矮亲切，比起高大的前厅略低一些，气氛也轻松得多了。因此，后面的马头墙做成变曲的云形墙，两端翘起，活泼自由，又与前厅的翘角相呼应。这一高一低，一飞一翘，形成了有主有次的立面造型，丰富多变的上部轮廓线，加上整栋建筑统一于黄墙青瓦之中，在绿树草丛的衬托之下，更显其浑厚、典雅、秀美诱人（图141～图143）。

图141 松台某宅侧立面图

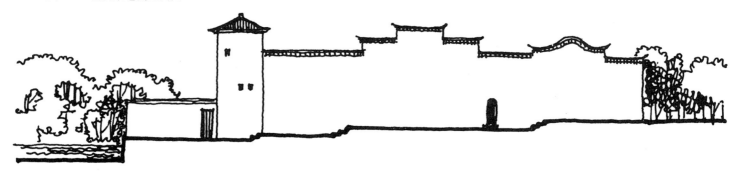

图 142 松台某宅正立面图

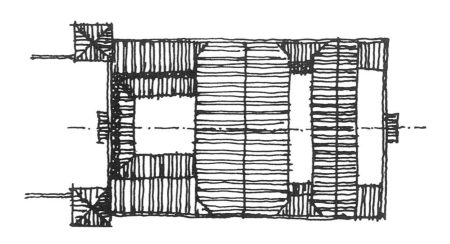

图 143 松台某宅屋顶平面图

古田横洋某宅，封闭的外观尤为突出，它只在入口处开带雨披檐的小门。大片的实墙面与小入口形成强烈对比，从而突出了大门入口。大门位置略偏于一侧，使其立面呈不对称的形式，在严整与封闭当中略感轻松活泼。两侧的山墙作了平行阶梯形的三层跌落的"马头墙"。小青瓦压檐，尾角略向上翘，转角处略高起。另外两面围墙低而平直，不做高低变化的处理，简洁大方，具有粗犷而素朴的地方风格（图 144）。

福州模兜某宅，马头墙前高后低，并以平直墙面与半圆曲线飞翘的墙脊角作对比，两个山头以同样手法处理。马头墙最上是平直线，再与低一层的弯曲线相接，最后再下降一层又与平直墙相连，以使绵长而封闭的外围墙有所变化。加之下部侧墙上开的两个小门洞，上口为半圆拱形，下部门框立以石柱，打破了大片实墙的单调感（图 145）。

这类土筑的民居，形式多样，分布也较广泛，从立面造型上看，都以厚重封闭的高大土墙围护全宅，体型变化不一而足。但一般都做马头墙，形式各不相同，轮廓变化丰富多样，是重点装饰之处，能体现宅院不同风貌。这类民居的主要入口在黄土墙上，不做门楼也不做凹斗式垂花门，而是在土墙上立石柱或以砖砌门框，加木或石板过梁。门口上部挑出简易雨披，并以瓦覆盖其上，从而使这类民居风格别致，特点鲜明（图 146 ~ 图 152）。

图 144　古田横洋某宅外观

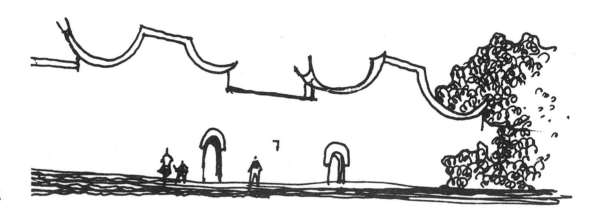

图 145　福州模兜某宅外观

图 146　莪洋某宅外观

图 147　古田某宅外观

图 148　莪古路上某宅外观

图 149　莪古路上某宅群外观

图 150　古田横洋某宅外观

图 151　福州某宅外观

图 152　横洋某宅外观

图153 永定古竹苏宅方形土楼外观

另一类土筑民居是客家的土楼，其特点更为突出。它主要分布在闽西南山区的永定、上杭、长汀、武平等县，在连城的一些地区如大陶等也有所见，另外在永安、将乐等部分地区也有土楼，或介于这两类之间的土木建筑。土楼民居可以说是民居中独树一帜的一种类型。由于它以厚重，封闭的外墙围筑，其坚固可攻而不破，又被人称作"土围子"。这种土楼民居是客家人所建。他们初期入闽，"保安"和"立足"成为他们的基本要求，要使住宅防风、雨、日晒的侵袭，防御盗匪的入侵，便于聚族而居的大家族生活，有利于就近耕种农田，还要适应当时风水迷信的种种说法，土楼民居正是适应这些要求而建造的。它们就地挖土和泥，做成厚厚的夯土实墙，为使墙面牢固，每隔一定距离放木板或竹片作拉筋，加强夯土墙的牢固程度。以这样的夯土墙作土楼的外围护结构，经济、实惠、坚固、耐久、既可防寒又可隔热，有的外墙还可搭木梁兼作承重结构。墙体一、二层做得很厚，可达一米半至两米。三、四层逐渐减薄，有的从内侧减薄加大了三、四层室内的空间，外墙平直整齐。有的从室外立面向上收分，外形稳定、美观。这样做也减轻了墙体的重量。出于防御的需要，土楼的下一、二层外墙上不开窗子，仅在较高的三、四层开小窗洞口。大门也极少，在正门入口处四层楼上开较宽的窗口，并做向外挑出的木栏杆。据说这是为了防御而做，当有人进犯土楼时，枪炮打不透厚实的围墙，想从入口攻入时，可从在这门上的窗口向下投掷石块，或倾倒热汤，迫使入侵者不敢接近入口。

土楼建筑在耕地附近，分散地建在田野之中，并不像一般村庄的住宅紧密排列，因此它们在结合地形上做得非常巧妙。此外，为了少占良田某些土楼还顺应地形随坡临崖而建，就这样更增添它的雄伟气魄。据说，这些土楼在建造时对地形位置的选择、朝向、大小、高低以及方圆的形状都得听取"风水"先生的决定，以期求得如意吉祥。这些圆形或方形土楼，以大块河卵石为基础，上筑黄土墙，最后再覆盖以青瓦屋顶。由于出檐较大，可以在简洁的外立面上投以很深的阴影，显示出材料质感和光影、虚实的变化效果。它背后衬以青山，宅旁流过绿水，在秀媚的自然环境中，透出粗犷和质朴，反映了浓郁的地方特色。

永定古竹苏宅为一方形土楼（图153），明末清初时建，约有三百年的历史了，虽因火灾而被毁但夯土墙依然完好。两坡屋顶挑出约两米，在南、北两侧的山花下做披檐，从整体看形若歇山屋顶。从防卫出发土楼一层不开窗，自二层起开始设窗，洞口仅三、四十厘米宽，三、四层逐层加大，四层窗最宽。大门较高，约占一层半的高度，又有石雕刻字，成为整栋建筑的装饰重点，从而突出了大门入口。条石门框，厚木板的大门与粗质土墙对比之下更觉重点突出。苏宅的主楼周围还建了几栋一、两层高的小型土楼，作辅助之用。它们与低矮围墙相连组成前院，也设有宅院大门。这一组合打破了一栋方形土楼的单调感而成为一组有主有次的土楼组群。图154、图155是另外两栋土楼建筑，组合新颖别致。

图154 永定某宅外观

图155 永定某宅外观

图156 永定五角楼外观

图157　永定承启楼外观

图158　永定自由布局土楼外观

　　永定高东五角楼，坐落在一条小溪边，背靠山坡，环境十分优美。墙基用石砌筑夯土墙在石基础之上。底层不开窗子。顶层开一排整齐的长方形窗洞口，沿窗挑出木制窗栏，在略带弧形的厚重土墙上形成轻巧、开敞的顶层处理。低矮围墙及大门楼所组成的小小前庭院，和后面高大的土楼形成了高、低对比。土楼的其他几面围墙也随地形而建，不为固定的方整格式所束缚，而形成不规则的五角形体量。总的效果是设计巧妙，布局新颖，立面处理运用了材料质感和色彩的对比手法，又用了虚实、高低、大小、轻重的对比，形成了外形活泼多样而又有主次、有韵律的谐调统一的完美建筑，在传统民居中是不多见的一例（图156）。

　　永定古竹承启楼，是由两个大小不等的圆形土楼组成，由侧门可以互相连通。小圆的外侧带有附属房间。大圆楼为四层，高大雄伟；小圆楼为三层比例亲切。两圆楼门都朝南开，纵轴线平行，但其横轴线略有前后，因此连通它们的台子也从狭到宽接到大圆楼的侧门。两楼都是两坡顶盖以小青瓦，窗子上大下小，逐层变化，最下层不开窗子。门口正中的窗子开大以突出重点。总之两楼有大有小，有高有低，既有变化而又统一，构成一组完整的建筑组群。组合手法自由，打破了单一圆形土楼的单调感（图157）。

　　永定高东溪边自由布局的土楼。它完全不像一般圆形或方形土楼的格局。它因地形狭小，建筑面积不大，在河边石砌墙上挑出木制挑廊及小屋，以轻巧的木板作围护结构。后部高大房子仍以夯土墙作围护结构。这种土木结合的做法，给土楼建筑的外形增添许多光彩。它兼收了木建筑的轻巧、开敞，与土建筑的厚重、封闭。这两者合在一体，使它的外形具有强烈的虚、实对比。在材料上有基墙的卵石、挑出的木廊、高出挑廊的土墙、交错穿插的青瓦屋顶，都更加丰富了这一别致土楼的造型。加上垂廊柳枝，溪边小桥，坡旁青草点缀其间，真是一派生机勃勃，漫布山野的清新风光（图158、图159）。

　　永定组合式土楼是以几栋高低、大小不同的土楼，组织在一起形成院落式的布局。这类土楼一般主体明确，屋顶是漂亮的歇山顶。在正面中部开窗较大，顶层往往做挑台，可以在台上观赏室外景色。在低矮建筑的转角处也都做有歇山式披檐，形成富于高低变化的错落屋顶轮廓。组合式土楼形式多样，有许多是分期发展而形成的，所以无一定格局，随地势条件而发展接建，但其风格和总体并未受到破坏，有许多组合式土楼都是越建越丰富（图160、图161）。

图 159　永定自由布局土楼外观

图 160　永定组合式土楼外观

图 161　永定组合式土楼外观

第六章
福建民居的细部处理

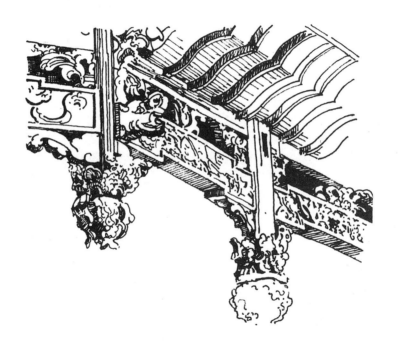

福建民居的细部处理，有它固有的传统做法及强烈的地方特色。这些细部处理影响着民居建筑的艺术造型，对于形成福建民居的风格也起着重要的作用。当然福建民居的风格及细部处理也受到邻近的安徽、江西、广东等省民居的影响。此外，台湾省在历史上曾属福建管辖，故台湾现存的传统民居建筑与福建民居十分相似。福建民居别有特点的细部处理主要有以下几个方面：

丰富多样的"马头墙"及屋顶；
精雕细刻的梁头，斗栱、垂花及门窗隔扇；
多种变化的柱础石刻；
各种不同的墙面装饰；
繁简各异的大门入口处理。

一、丰富多样的"马头墙"及屋顶

福建民居建筑十分注重上部轮廓线的变化，这种变化是利用"马头墙"的各种变形与屋顶形式，犀脊的式样不同而取得的。

马头墙是当地群众对于高出屋脊的山墙、封火墙及围墙的一种总称。其形式多种多样，体态轻盈秀美，是福建封闭式民居所常用的外形处理手法。

这种"马头墙"有用土筑的，也有以砖砌的，不管什么材料所建，体形上都有许多变化，如将高出屋脊的山墙顶部做成平行阶梯形，有的做成弓形，有的做成鞍形等。在围墙的转角部位往往也做些变化与山墙部分呼应。也有在一栋建筑中同时用几种不同形状的，显得变化丰富。

平行阶梯形的"马头墙"随屋面的坡度长短而决定其跌落的层数多少。或一、二跌，或三、五跌，也有两侧跌落数目不等的情况，如（图162、图163）都是不对称的跌落，效果也很别致。墙头上做小青瓦人字坡形，脊端坐灰垫高。这种"马头墙"是数量很多，脊角装修简洁。另一种平行阶梯形的"马头墙"如图164所示。古田地方的利阳"马头墙"角，弯曲向上高高翘起，做法如燕尾式屋脊，内夹铁筋，外包青灰。墙脊与两坡角都向上翘起，好似南方亭阁之翼角，玲珑、俊秀。这是一种较复杂的脊角处理。又如图165所示是利阳某宅墙角的跌落变化。墙头上以片瓦覆盖两坡，山头处做青灰塑雕山花。上雕有火纹、云纹，风格晖厚、气势雄伟。

弓形和鞍形的"马头墙"如图166所示是福州郊区的做法。在砖砌山墙上做成倒弯弓形，脊顶做成水平短墙与倒弯弓形前后相接。脊背为青灰抹平，向下斜坡，在脊角雕成图案花纹，两坡角向上翘起，翘角下方做几层退进的线角十分秀丽。又如图167是伍石村伍宅"马头墙"，它以一弓形或称云形"马头墙"分割两栋高低不同的房屋，弓形"马头墙"是两栋房屋的共用山墙也因它高出屋顶而起防火墙的作用。在同一栋宅院中还有一外部山墙处的"马头墙"与这一弓形"马头墙"不同，在屋脊最高处作向下

图 162　泰宁某宅马头墙

图 163　长汀某宅马头墙

图 164　古田利阳某宅马头墙

图 165　古田利阳某宅马头墙外观，院内侧

图 166　福州郊区某宅马头墙

图 167　伍石村伍宅马头墙

弯曲的曲线。这是两种不同形式的"马头墙"，并存于一宅的实例。在飞翘的翼角处做灰雕，上刻云纹，云纹下方的砖雕如墀头的做法。弯弓形的两墙上以片瓦分层铺砌。最高一层就做墙脊。自由而舒展。

位于街巷的民居，侧墙往往与邻宅相接，装修重点放在门口。如图168所示是闽北建瓯某宅的高大门口。门口两侧做成向外斜的八字墙，在大门前围成小小的空间。八字墙的墙头处理也是变化多样的。有的按砖墙的墀头处理，做砖雕花饰，下面退后做各种线角。有的一层层降低，既围收了门前空间，又不太高大闭塞，造成了突出入口的艺术效果。

总观"马头墙"的处理手法，使得封闭而粗犷的闽北、闽中的民居，增加了丰富而多变的上部轮廓，从而形成了这些地区民居所特有的风貌。它们封闭而不呆板，粗犷中透着秀美，轮廓清晰、体态端庄、充分显示出建造者们的艺术才能与精巧的构图手法。

●**屋顶及屋脊的处理。**福建的另外一种民居建筑，不以高大的山墙和围墙封闭，而是开敞亲切的，从外面可以看到整组建筑的屋顶处理。这类民居则以屋顶做法的差异，屋脊、屋角的装饰来取得建筑外形及上部轮廓的变化，形成这类建筑的风格。

福建常见的屋顶有硬山屋顶和悬山屋顶。在沿海和许多城镇民居的厅堂和偏屋都用这两种屋顶。硬山屋顶可防台风侵袭（图169），悬山屋顶便于挡雨（图170），两者都具有简单易建的优点。有些民居中建有楼、阁如埕头楼、角脚楼等等，则在屋顶处理上略较复杂。有的在硬山墙上加建披檐以挡日晒和雨淋，有的在悬山墙上做披檐（图171），形若歇山式屋顶。

图168　闽北建瓯民居门口墙头变化

图169　硬山屋顶

图 170　悬山屋顶

图 171　悬山屋顶山墙处做坡檐

木建筑的民居为维护木板墙面的持久也常在山墙处做披檐。歇山式屋顶在闽西南的土楼建筑中最为普遍，也有把悬山屋顶与歇山混用的。常常是次要房舍用悬山式的屋顶，主要的外围土楼用歇山式屋顶，或是混合用于一体，中段是悬山，两端稍间或方楼转角处做成歇山（图172）。对于这一地区的歇山屋顶只能叫它简易歇山屋顶。它既不收山也没有采步金，只在悬山墙上做披檐与前后檐连接而成。方形及环形屋顶是为永定的方形土楼和圆形土楼所特有的。做法是人字形屋架，将屋顶做成圆和方的封闭形。

卷棚式屋顶多用于抱厦。也有的地区在小宅中的厢房，甚至少数正房也使用卷棚屋顶。

屋顶的组合与交接也是多种多样的。有的随地形高低而错落如图173；有的层高不等而穿插如图174长汀某宅内院屋角的交错；有的山墙相连而屋顶平接，但随房屋的主次而分高低如图175、图176；也有的屋顶相交成天沟如图177。

●**屋脊、屋角的装饰。**屋脊的装饰一般是在正脊，垂脊和翼角等处，正脊是整栋房子的重点，一般脊饰有以下常见的几种：

普通简单屋脊以能满足构造上的防风、防漏、坚固耐久为目的。有的以筒瓦砌筑，有的以板瓦素灰砌脊，也有直接以青灰塑制屋脊的。脊端也微微升起，屋脊中间耸起呈圆角形当地称为"马背脊"。

图172 永定土楼屋顶

图174 长汀某宅内院屋角交错

图 173　错落的屋顶

图 175　屋顶平接一

图176 屋顶平接二

图178 镂空花脊

图177 屋顶垂直相交

　　漏花式屋脊一般是以灰塑孔洞组成图案形状的通透花纹，也有的以琉璃花瓦或雕孔花砖砌筑的。屋脊的两端向上飞翘呈"燕尾式"，一般做法是以内埋铁筋，外包泥灰而成。有单一尾的，也有呈双叉燕尾形的。这种屋脊可通过深灰色花瓦孔洞，看见透亮的淡蓝色天空，再加上弯弯翘起的脊角，显得建筑玲珑剔透，优美动人（图178）。

　　灰塑嵌花式屋脊多用于大型宅邸或庙宇、祠堂，常常有华丽的脊饰。做法是以灰塑制细致生动的人物、动物、虫鱼、花鸟等各种图案。并兼或贴嵌彩色瓷瓦片，胶贴材料是糯朱红糖水。嵌瓷有平贴也有浮凸的，组成漂亮的花纹。这种屋脊往往都高出屋顶较多，使得塑花或嵌瓷有足够的地方。有的屋脊中段为漏花瓦做，两端雕花嵌瓷，脊角飞翘，十分华丽动人（图179、图180）。

图 179　灰塑嵌花式屋脊翘角

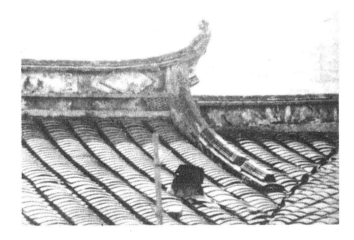

灰塑嵌花式屋脊

铁筋包灰塑花翘角

灰塑嵌花式屋脊

图 180　灰塑嵌花式屋脊铁筋包灰塑花翘角

二、精雕细刻的梁架、斗栱、柱头、垂花及门、窗、隔扇

这些部位是室内厅堂装饰集中的地方，以木雕为主。福建盛产木材，木雕技艺之高在住宅木雕饰中充分反映出来。民居的梁架、柱头等等在全省各地的旧宅中到处可见到出色的雕饰。当然，一般民居中只有少量的厅堂梁架做有雕饰，财力雄厚的大型宅邸则是雕梁画栋。梁架、瓜柱、过梁、楣子及柱头、斗栱、垂花这些部位雕饰的内容主要是荷、莲、卷草、鱼、龙等，如图181～图192。图193是在泉州、晋江上杭、泰宁、建瓯等地所拍摄的现存民居的室内木雕装饰。

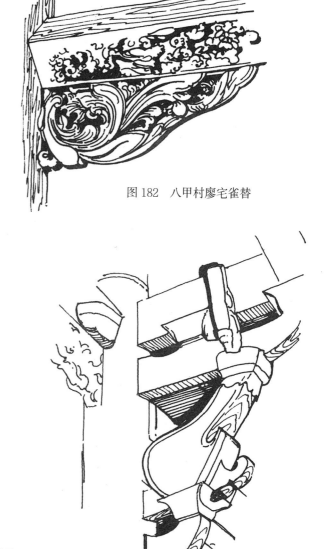

图182　八甲村廖宅雀替

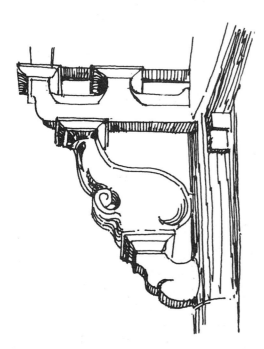

图181　永安西洋邢宅斗栱

图183　太宁某宅柱头

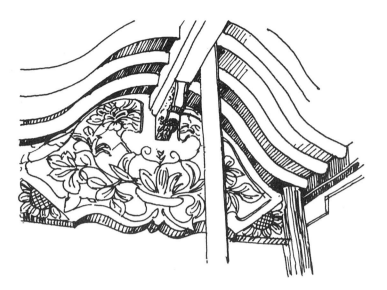

图 184　建瓯某宅梁架花饰

图 185　古田路上龙溪某宅花饰

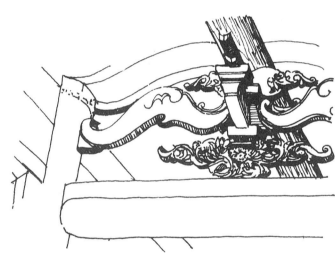

图 186　上杭雷宅柱头鱼龙花饰

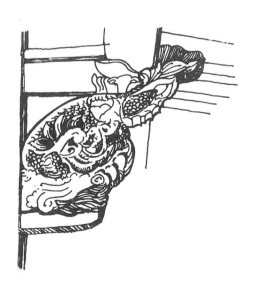

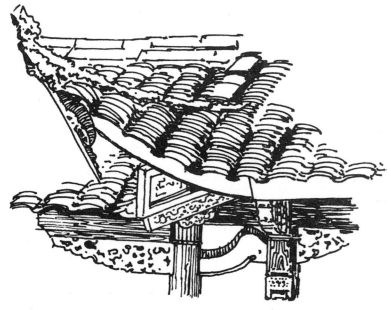

图 187　八甲村廖宅屋角

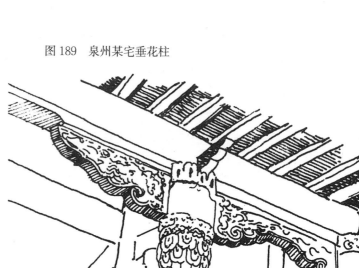

图 189　泉州某宅垂花柱

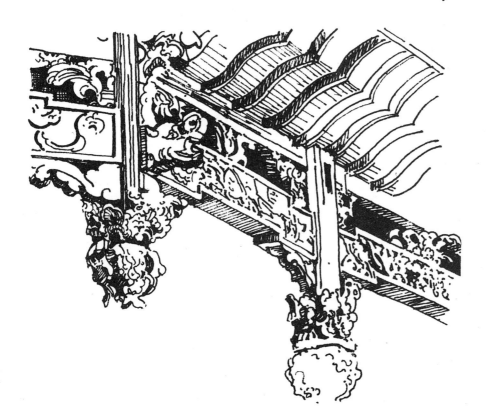

图 188　古田七保某宅垂花柱

图 190　西华某宅垂花柱

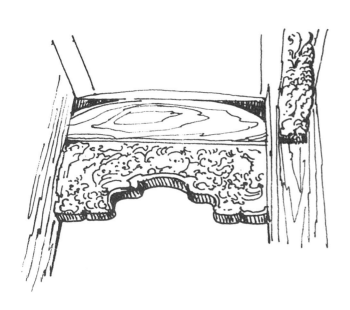

图 191　晋江庄宅雀替

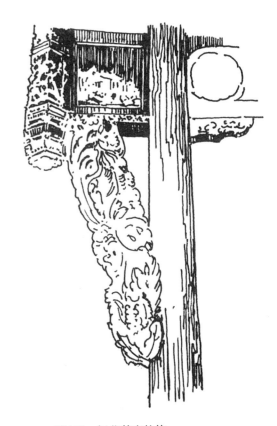

图 192　闽北某宅柱饰

图 193　泉州、晋江、上杭、泰宁、
　　　　建瓯等地民居木雕装饰

图 194　门窗雕饰之一

图 195　门窗雕饰之二

图 196　门窗雕饰之三

图 197　门窗雕饰之四

图 198　门窗雕饰之五

一般门扇多装成可以装拆的，便于使厅堂空间随使用变化，也有利于通风、采光。门扇下部为木板，上部做成各种网格式图案花纹。窗子常用平开或支摘的两种，窗棂也是网格花纹，一般为长方形，分格比例美观自然。花纹多为竖条形、横竖相间或菱花形等，也有的雕刻十分精美的花、鸟、人物图案。较古老的明代宅院内的门窗更为简洁、规整。清代的门窗装修细致，雕饰复杂，如图 194 ~ 图 203。

图 199　门窗雕饰之六

图 200　门窗雕饰之七

图 201　门窗雕饰之八

图 202　门窗雕饰之九

图 203　门窗雕饰之十

宅内还有一些面对庭园的窗子。则做成什锦窗，有六角、八角、扇形、瓶形等多种形式。有的以绿色琉璃花板砌成，有拼四块或六块、八块不等。也有以砖砌成空花墙的，起到分割与联系空间的作用。有这些什锦窗可使宅内空间层次丰富，气氛亲切活跃，如图 204～图 206。

图 204　什锦窗之一

图 205　什锦窗之二

图 206　什锦窗之三

三、变化多样的柱础石刻

民居中的柱子大小不同，形状各异，一般都是木柱石础，这是在长期生活经验中总结出的使木柱耐久的一种作法。木柱子接近地面处易受潮湿而腐烂，减少寿命。以石础包柱脚可以防潮防碰撞，并能加强柱子的稳定性，使柱子坚固耐久。福建民居中的柱础也作为一种装饰而加以美化，形成各种精细的石刻，尤以厅堂中的柱础最为突出。柱础的形状是随木柱子的形状做成或圆、或方、或六角、八角或壁柱形式。在柱础上常常雕刻线角和花纹装饰，雕刻也有各种形式：有把整个柱础外形刻成圆形或方形花环状的圆雕；还有在柱础的各个面上刻成浅浮雕；也有用凹线条刻槽形花纹的"阴刻"。随各种雕刻方法的不同而风格各异（图 207～图 218）。

图 207　柱础石刻之一

图 208　柱础石刻之二

图 209　柱础石刻之三

图 210 柱础石刻之四

图 213 柱础石刻之七

图 211 柱础石刻之五

图 214 柱础石刻之八

图 212 柱础石刻之六

图 215　柱础石刻之九

图 217　柱础石刻之十一

图 216　柱础石刻之十

图 218　柱础石刻之十二

有的宅院大门口，在外墙与凹进的大门入口转角处作靠墙的壁柱。壁柱出墙面约四分之一柱径，有砖砌的，有用石作的。不论是砖柱还是石柱都用石础。壁柱的石础也雕刻精美的纹样（图219）。

宅院门口处石台阶也有做得相当讲究的，常做成石条形两端雕成几脚，称"踏脚石"，如图220。

上述这些柱础和"踏脚石"的石刻，有的以青石雕刻，和墙身青石腰线、门口嵌砌青石雕件的材料及雕刻手法都相一致。有的以花岗石刻成，色泽、质地与青石雕的腰线或门口装饰都不相同，形成材料、质感、色彩上的对比。

四、丰富多彩的墙面装饰

在福建民居建筑中，墙面装饰有许多种形式和手法。为了防潮墙身下面以石砌墙基，坚固耐久。石基以上用砖砌墙身，或用木板封墙，或以土筑围墙。这些都可因墙基与墙身的比例不同，而有不同的对比效果。又加上在材料、质感、色彩、轻重等方面的不同，形成形式多样的墙面作法，也使得墙面的处理产生不同的艺术效果。可因基础墙的高低做成低石基，高墙身的，半石基，半墙身的，及高石基，少墙身的几种墙体比例关系。

石基础墙的做法用料有花岗岩条石，深红褐色河卵石，正六角形石块和乱石的几种。

图219 壁柱柱础石刻

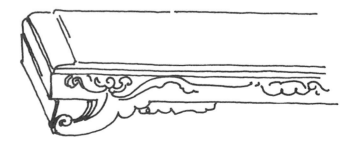

图220 踏脚石

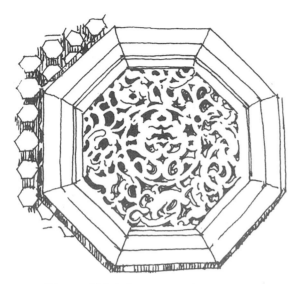

图 221 镂花窗之一

图 223 镂花窗之三

图 222 镂花窗之二

图 224 门上雕饰之一

　　砖墙身的处理更是多种多样。泉州、晋江一带烧制暗红花纹的红砖和各种形状的异形砖，有六角形、八角形、圆形等等。各种形状异形砖都被赋予一定的寓意。如六角形因其像龟甲代表长寿、八角形代表吉祥、圆形为完满、钱纹代表富贵等。因此许多大宅墙面都以不同形状的排砖

来求房主人所希望之美满结果。墙面上需要开门窗时，往往开成图案性较强的镂花窗（图 221 ～图 223），小巧瘦长的门上部做成圆拱门，或以瓶形叶形等洞门装饰立面。门上部做雕塑装饰（图 224 ～图 226）。

图 225　门上雕饰之二

图 226　门上雕饰之三

在石墙基与墙身之间常以青石雕相分割，形成材料、质感等的不同对比效果。

五、形式各异的大门入口处理

大门的处理手法丰富多样。多以地区的不同而出现较大差异。

泉州地区的"宫廷式"住宅大门，是凹进去的"凹斗式垂花门"，很像北京四合院的大门。大门两侧有石墩子、石鼓对称地布置。祠堂、庙宇和大型宅第，则在大门外有石狮一对。在"凹斗门"内有影壁遮挡视线，使得门外的人不能直接看到院内的情况。影壁上做有图案花纹，或书写字体、绘制图画，也有在影壁前做有山石台景、花盆和石制鱼缸等装饰的。

沿街商店或住宅则做一般的木制门板，可以装卸，开门以后可直接到达店面或厅堂，不要经过庭院。讲究一些的住宅则将大门两侧山墙处伸出门外作封火墙，也因挑出封火墙处理的变化使简单的立面显得丰富，突出了入口（图227）。

图227　大门两侧伸出封火墙

有些地区的大宅院入口做成雕饰华丽的"门楼"。一般门楼做成两坡顶,单檐。规格高的入口门楼则做成歇山顶,重檐,檐口飞翘,檐脊作燕尾式翘角,檐下加斗栱,数层(图228、图229)。有些地区的宅院做成前后两重门楼,前面的院门低矮与围墙连接,入院后又做一重高大门楼。图230是新泉某宅门口前一重门与后一重门楼不在一条轴线上。有一倾斜角度,从外面看不到内宅,只能看见一低一高两重门楼。

图 228　门楼之一

图 229　门楼之二

土楼和砖围墙的深宅大院，大门入口做成"门罩式"。在门口上方挑出木质或砖砌雨罩，既可以挡雨又突出了大门入口。这类门罩式的大门，以条石砌框，挺拔坚固，在门上两角处雕成海棠纹。门上砌一石匾，再上方还有一些纹样线角，也有以水磨青砖做几层斗栱的如图231、图232。

图230 新泉芷溪某宅的两重门楼

图231 门罩式大门之一

图 232　门罩式大门之二

图 233　泉州郊区某宅大门

　　有些院墙大门，做得简洁而轮廓突出。门口高出围墙，图 233 是泉州郊区某宅的这种大门。挺拔的门楼以两砖柱砌筑，门口内侧贴片石板，两坡瓦顶防雨又美观，低低的围墙衬托出显明的门楼十分醒目。又如图 234 是永泰某宅院门。它坐落于高台阶上，两侧院墙与门楼平接而做阶梯形的下降，使围墙在门楼处高而逐层降低，门框是石板砌筑而成，两坡顶，脊角高翘十分俊秀。图 235 是清流老宅大门，飞檐下做了丰富的斗拱，使大门端庄秀丽。

门口的处理对于宅院的规模、面貌，气氛及造型等都起着很重要的作用。福建民居中的各种形式的大门入口，正是反映着千姿百态的各类民居的特色。或是加强着深宅大院的豪华与庄严，或是增加着活泼开敞的民宅的自由与亲切。这些大门入口处理的比例适度、体态优美、形象生动、装饰精致。

图 234　永泰某宅院门

图 235　清流老宅大门

第七章
实 例

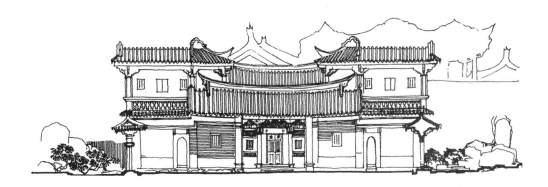

福州埕宅

侧面外观

福州市的传统民居保留较少，埕宅平面为当地常见的小型民居布局形式，方整对称，厅堂高大开敞，内部为木结构，外墙为土筑墙，山墙曲线前后轮廓变化，浑厚有力。

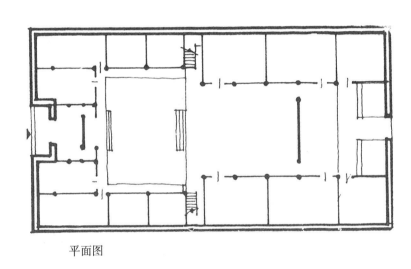

平面图

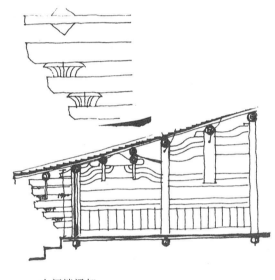

右阁楼梁架

剖面图

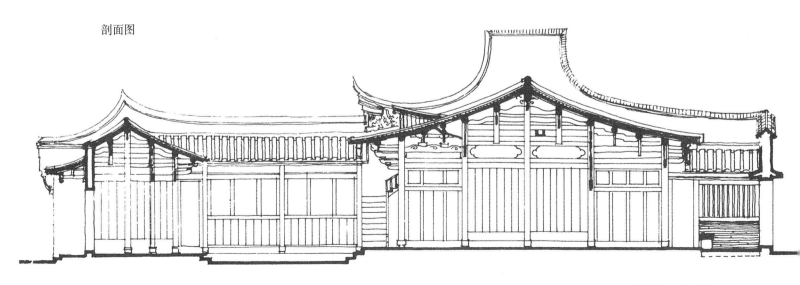

福州杨岐游宅

　　游宅位于福州郊区杨岐，民国时期建造，平面为并列两条轴线的横向布局形式，主次分明。宅内门窗已安装玻璃，室内比常见的明清时期的民居舒适明亮。后部有自由布局的庭园，以山石花木装点，改善了居住环境。

主厅玻璃屏风

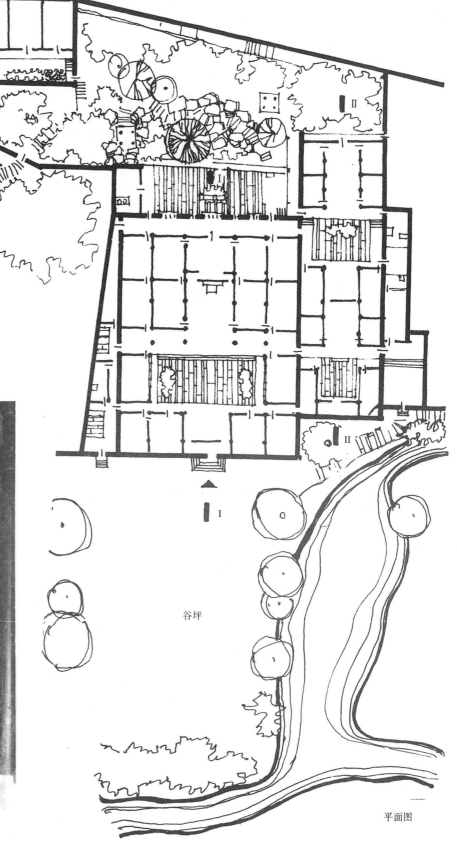

谷坪

平面图

I—I剖面图

入口

后庭园

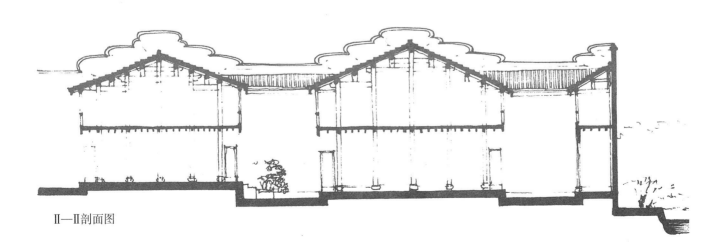

II—II剖面图

福州宫巷刘宅

宫巷位于福州旧城的三坊七巷内。刘宅以粉墙相围，入口小巧简洁。院落纵向布局，层层引深。两厅之间以过廊联系，将中庭一分为二。后庭很小，仅作采光通风用，后侧建有一个小型庭园，玲珑剔透，实为民居中的隐秀。

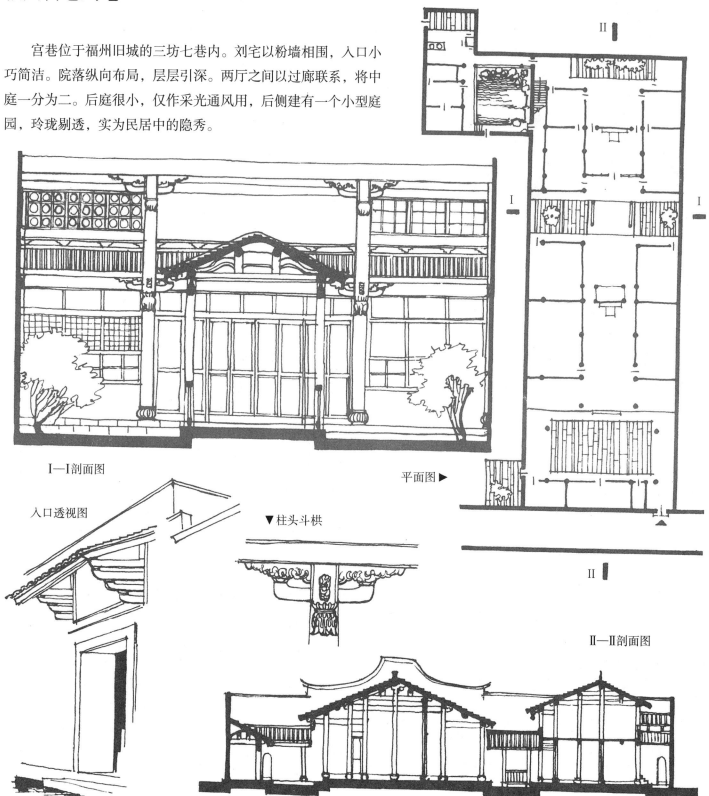

I—I剖面图

平面图▶

入口透视图

▼柱头斗栱

II—II剖面图

庭园透视 ▲

◀宫巷街景

庭园

▼前厅窗格

后厅窗格

涵江林宅

　　林宅为两层民居，庭院较大，四周以回廊相围，屋脊及檐口为石雕装饰。特别是在入口上部建有方亭，既供休息，又丰富了外部造型。

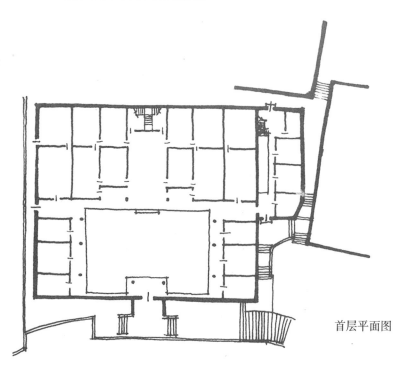

首层平面图

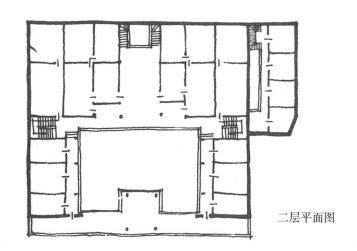

二层平面图

入口石亭

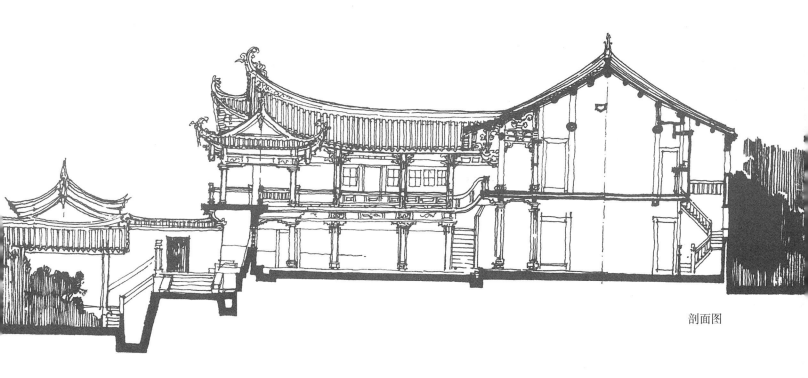

剖面图

入口石亭

二层一角

侧立面图 ▶

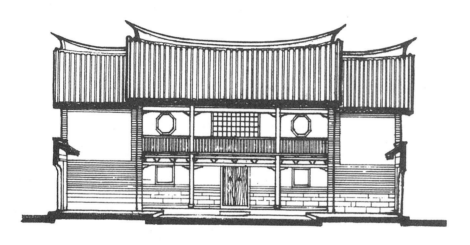

蒲田江口某宅

　　该宅由位于一侧的入口进入前庭，庭院较宽敞，外墙用青砖砌筑，细部装饰受西洋古典建筑风格的影响。

正立面图

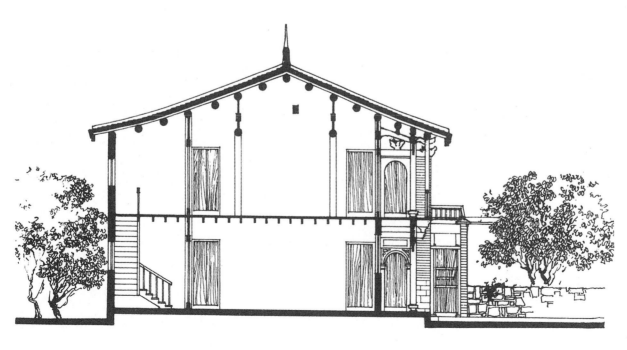

剖面图

入口透视图

前廊一角

二层平面图

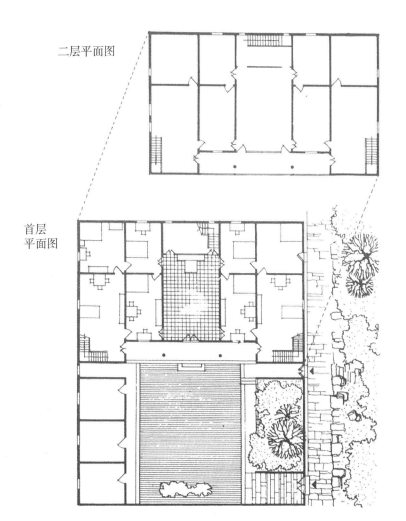

首层
平面图

入口装饰

外观

福州某宅

　　该宅规模较大，由前后两个院落组成，中间以防火墙相隔，厅堂分主次逐步引深。后院的主厅堂较为高大。厅堂两侧的居室都设有阁楼，充分利用了内部空间。

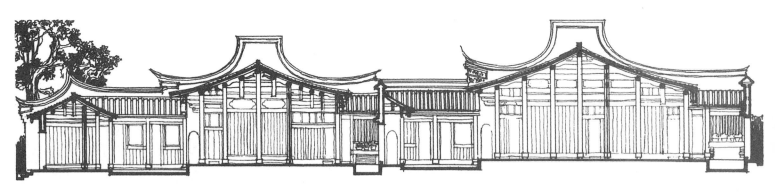

剖面图

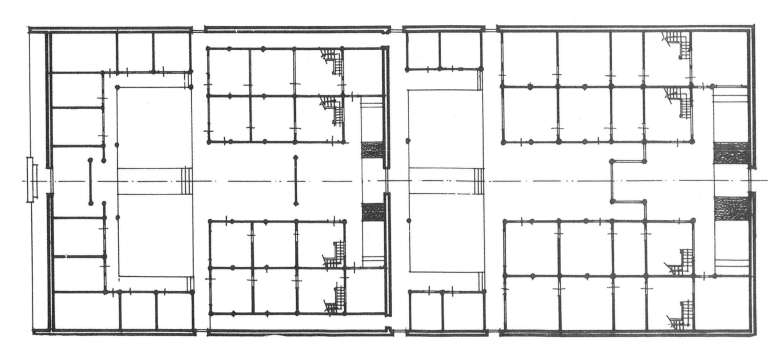

平面图

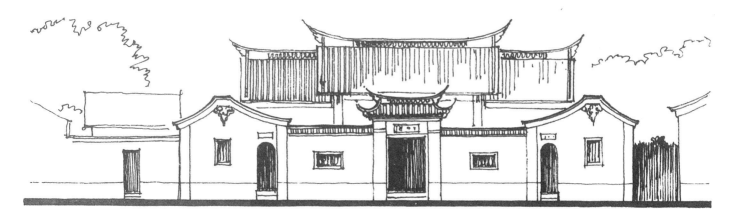

立面图

永春郑宅

郑宅建于清宣统二年。外墙及屋顶用青砖及青瓦建造，故称做"青砖厝"。该宅小巧亲切，尺度宜人。后厅出抱厦，使狭长的后庭院增加了层次，空间富有变化。

外观

剖面图   平面图

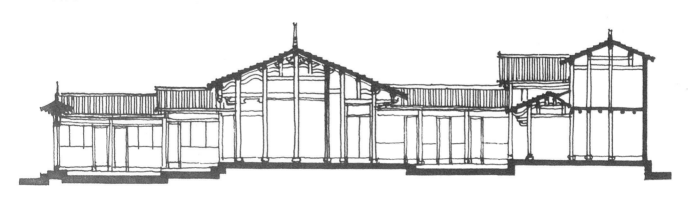

仙游陈宅

　　仙游地区的民居多为横向布局,陈宅是一代表性例子。该宅为明末清初所建,横向共十一开间,规模宏大,由大小不等气氛各异的若干院落组成。前庭两端各建有一小庭院,谓之"挟手庭院",靠近入口一端为书厅,另一端为贮藏用房。

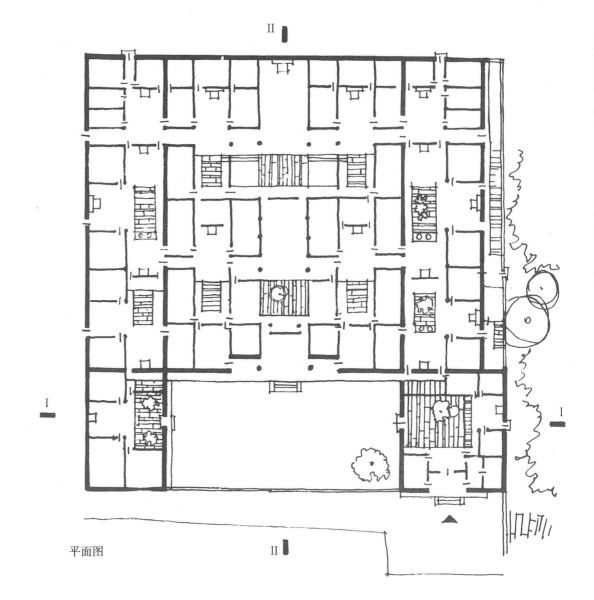

平面图

I—I 剖面图

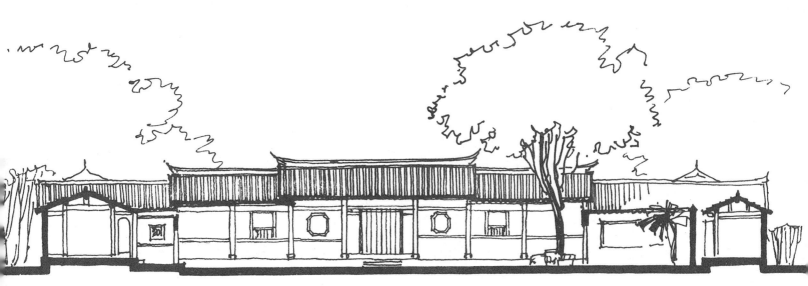

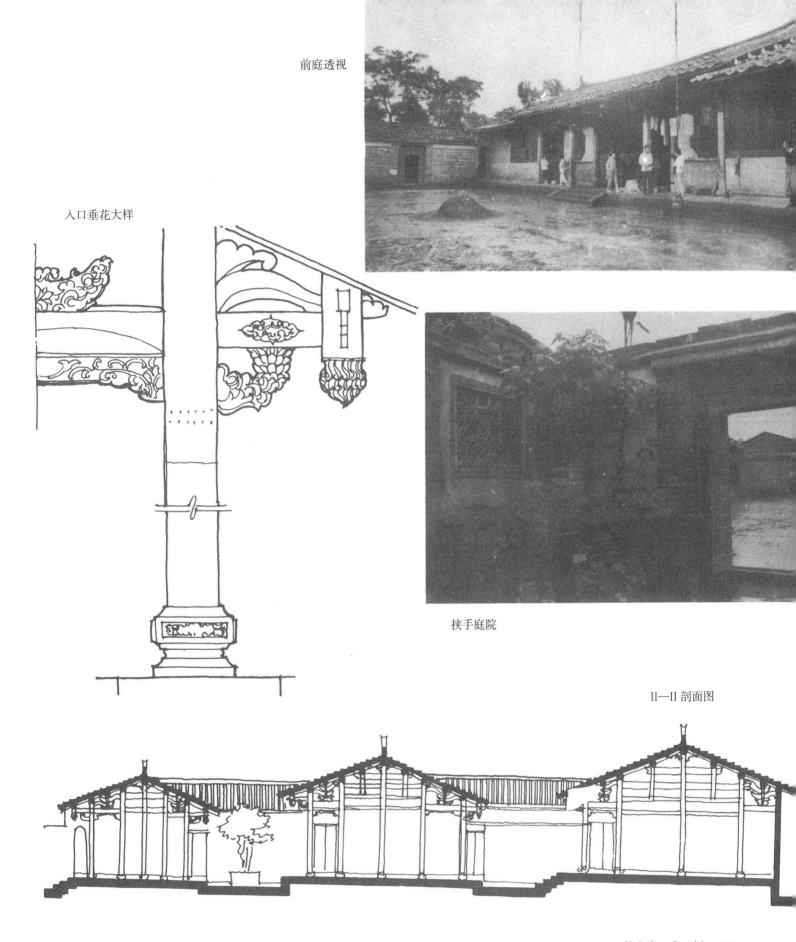

前庭透视

入口垂花大样

挟手庭院

II—II 剖面图

永泰李宅

　　李宅建于溪边一块高地上，宅院除外墙外尚有两道防火墙相隔，并伸出前檐，丰富了立面。此外，两侧设外廊，房间入口向外，与护厝组成侧庭院，建筑外观也很有特色。

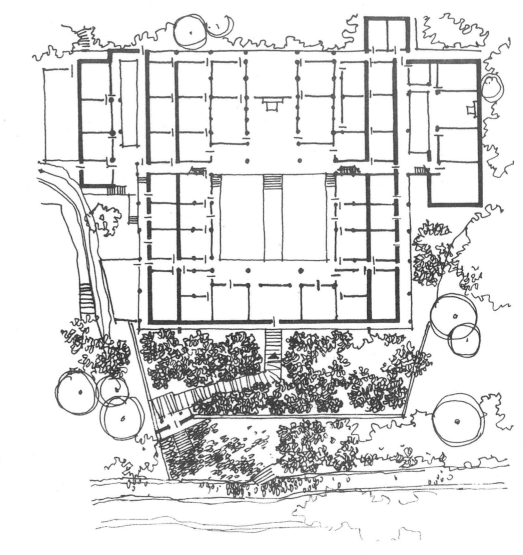

平面图

透视图

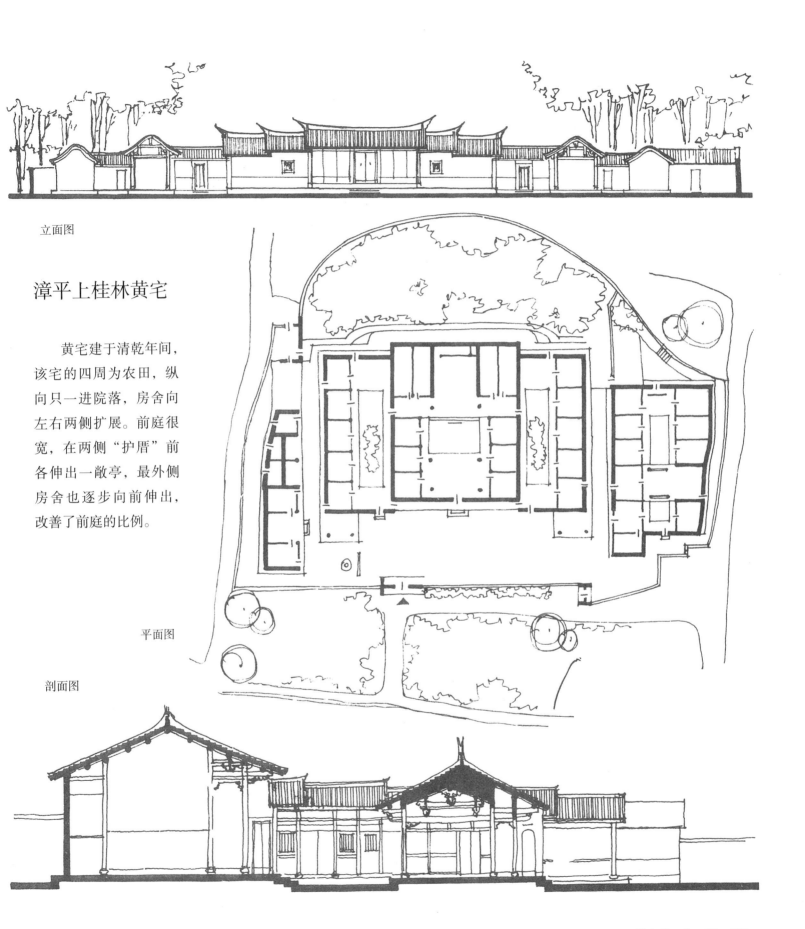

立面图

漳平上桂林黄宅

　　黄宅建于清乾年间，该宅的四周为农田，纵向只一进院落，房舍向左右两侧扩展。前庭很宽，在两侧"护厝"前各伸出一敞亭，最外侧房舍也逐步向前伸出，改善了前庭的比例。

平面图

剖面图

鸟瞰图

漳平下桂林刘宅

　　主体部分为一般横向布局形式，主庭院两侧为护厝，外侧及后部都植以花木。

　　该宅的主要特点是在前庭两侧各建有一座二层小楼作杂务用房，在传统门楼之前又加建一层带有拱券的西洋古典大门，院墙低矮，亲切开敞。

平面图

剖面图

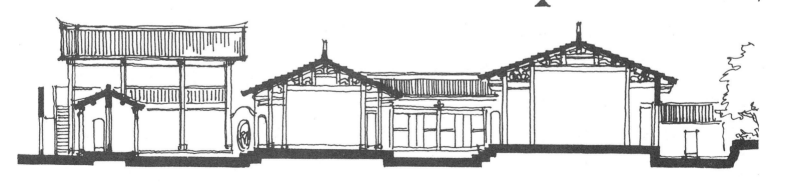

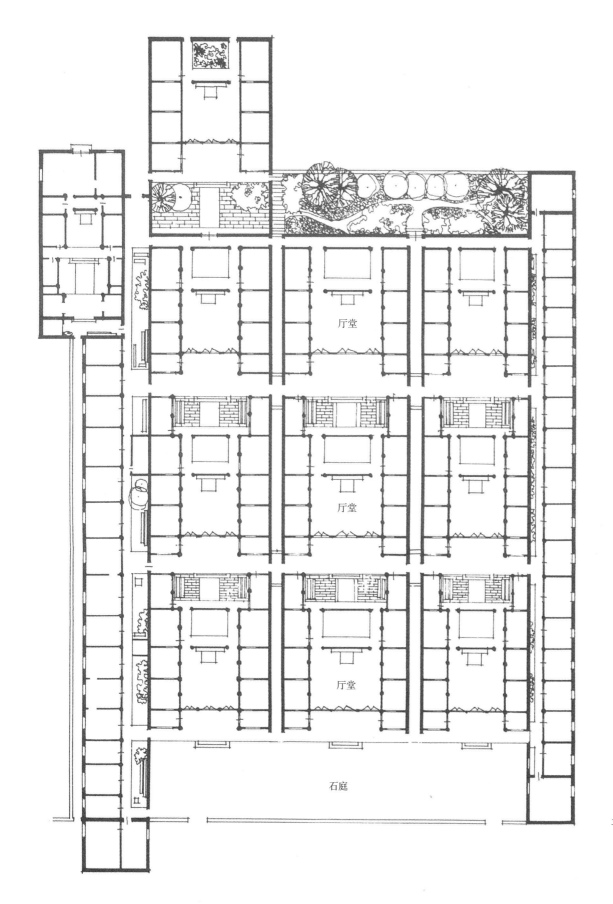

泉州吴宅

吴宅建于清乾隆初年。规模宏大共有十一个院落，房舍 144 间，南北长 105 米，东西宽 63 米。中间三趟房间为主要用房，由两条通巷（也称防火巷）隔开，东西两侧均有护厝，为厨房及其他用房。

厅堂

厅堂

厅堂

石庭

平面图

入口

泉州蔡宅

该宅地形狭长，平面布局除中间主体部分规整对称外，两侧采取不对称的形式。前庭简洁，后庭以绿化与铺地结合，舒展幽静。

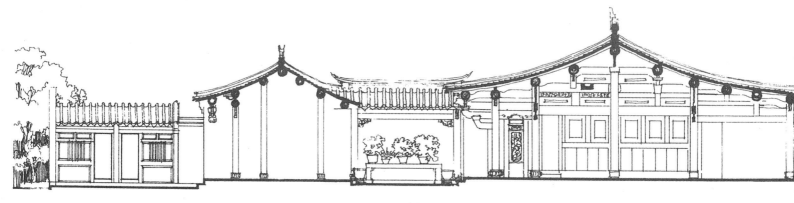

剖面图

平面图

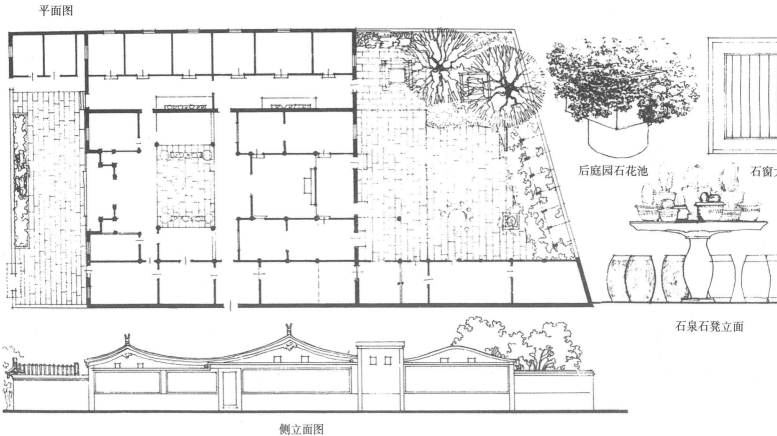

后庭园石花池

石窗大

石泉石凳立面

侧立面图

泉州某宅

　　此为泉州沿街的一种小型民居，当地称"手巾寮"，面阔仅4米，用房沿纵轴线布置，前为店铺，依次是厅堂、居室，最后为厨房。该宅前面临街，背后临溪，房舍及庭院都小巧亲切，装修也很简洁。

前庭透视

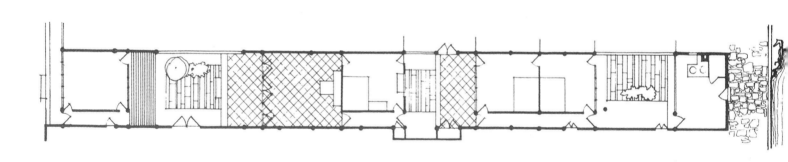

平面图

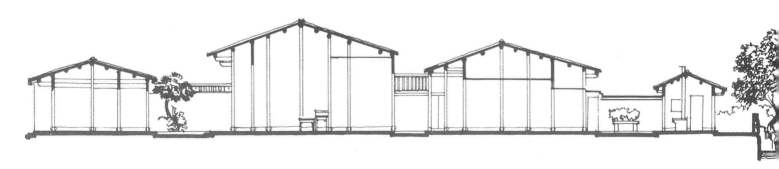

剖面图

泉州亭店阿苗宅

　　该宅为泉州地区较大型的民居,平面布局具有一定的代表性,内外檐装修十分精细,与晋江地区住宅的木雕石雕相类似。该宅的特点之一,是在其两厢的侧厅前加了一个卷棚顶方亭,将横向的侧庭一分为二,形成两个小巧的庭院。院墙前栩栩如生的石雕及石花窗,相当精致生动。方亭内还设有美人靠栏杆和华丽的门窗木雕,与主厅相呼应。

入口及细部(四图)

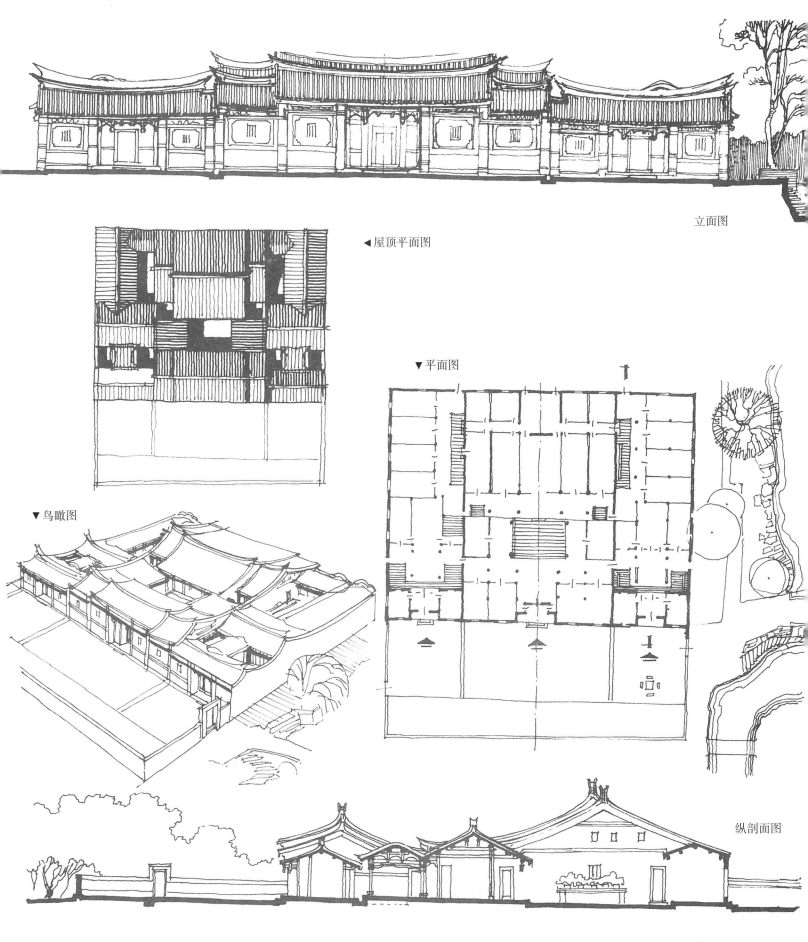

立面图

◀屋顶平面图

▼平面图

▼鸟瞰图

纵剖面图

花厅隔断

侧厅局部

侧厅局部

侧庭平面

及剖面图▶

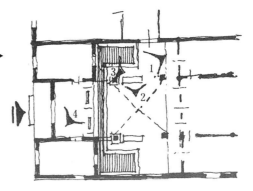

侧庭细部▼

梁架及细部（四图）

前庭

外观

鸟瞰

泉州黄宅

　　黄宅地形狭长，平面为由三进庭院组成的纵向布局形式。厅堂分主次，主庭居后。西侧地形不规则，组成布局较为自由的侧庭。后面一角附一以绿化为主的小型庭园。

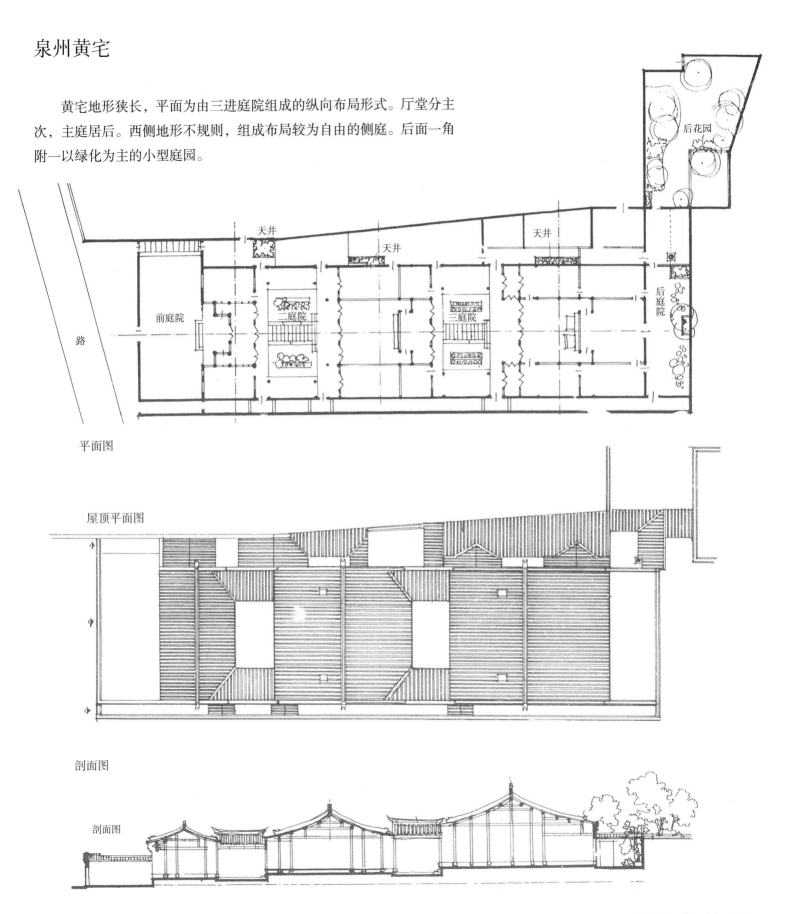

平面图

屋顶平面图

剖面图

剖面图

泉州黄宅庭园

　　福建民居中的庭园甚少，保存完好的更属凤毛麟角，黄宅庭园中的亭、台、山、水，尚保存完好，实在难得，尤其是叠石，颇具园林情趣，和周围的建筑配合自然、和谐。庭园中的石筑小品也很有趣。

I—I 剖面图

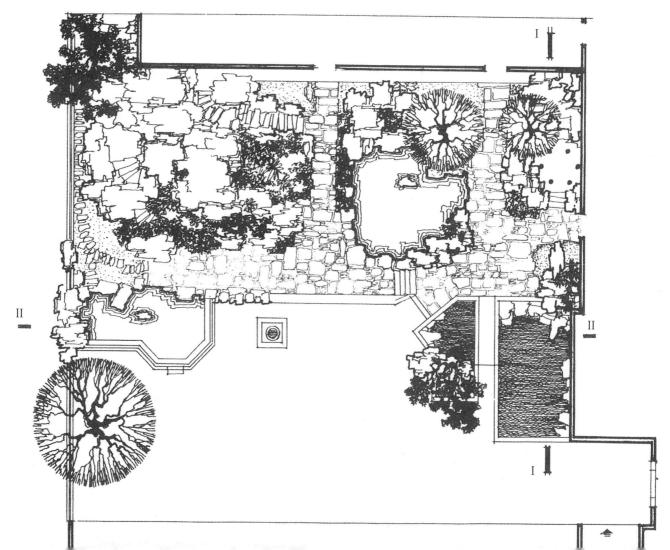

II—II 剖面

花坛

小桥

梅花石

庭院透视图

晋江庄宅

　　庄宅的主体部分严谨对称，是晋江地区典型的布局形式。内部装修精细华丽，砖雕、木雕都具有相当高的艺术水平。晋江地区的民居，多建有"吊脚楼"，庄宅不仅有吊脚楼，还有一座二层的"埕头楼"，飞檐翘角，使宅院体形起伏生动。

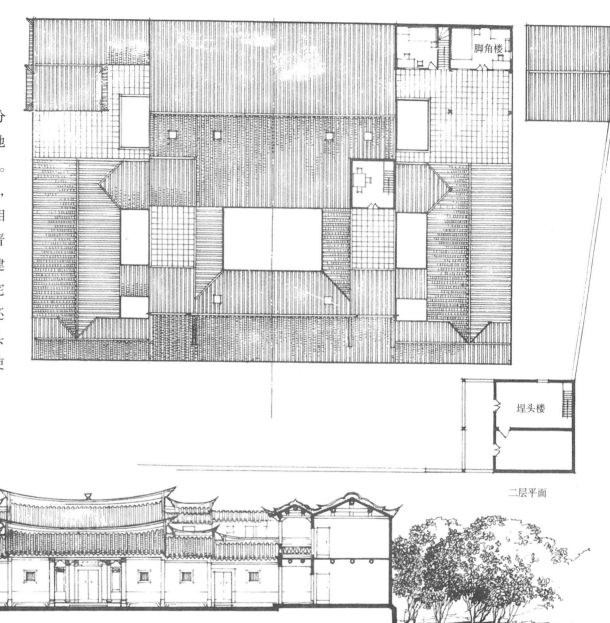

脚角楼

埕头楼

二层平面

鸟瞰　　　　　　　　　　　　　　　　正立面图

侧立面图

平面图

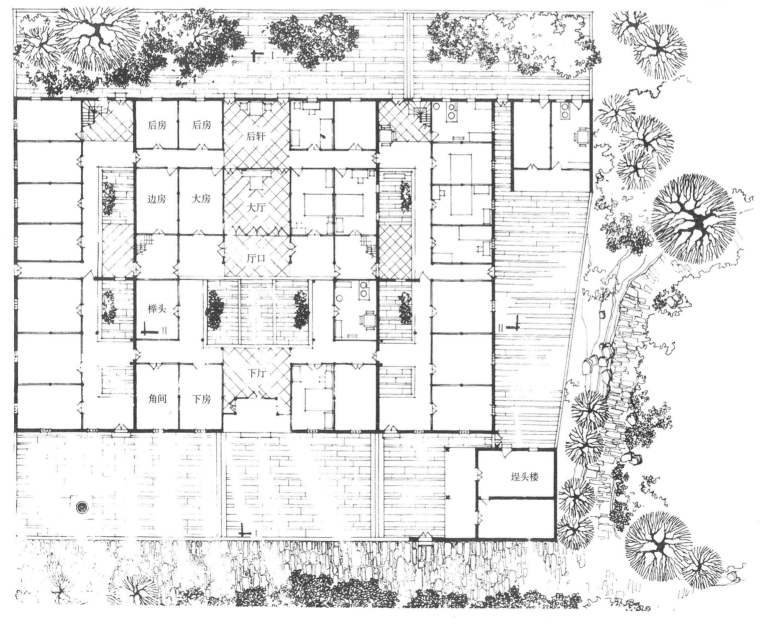

屋顶一角

入口装饰

鸟瞰图

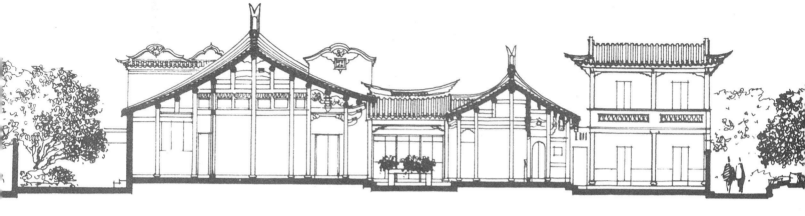

I—I 剖面图

由侧院看埠头楼

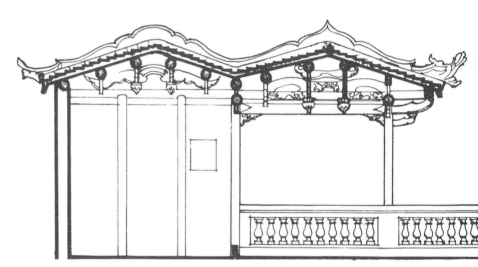

入口剖面图

角脚楼剖面图

II—II 剖面图

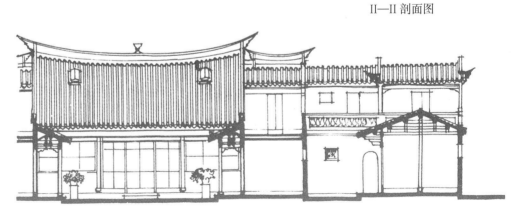

入口及雕饰（四图）

角脚楼

檐口装饰

石窗青石雕刻

屋顶一角

东侧外观

晋江某宅

宅院小巧紧凑，平面具有福建民居的典型特色。建筑处理丰富精致。造型轮廓变化有秩主次分明。

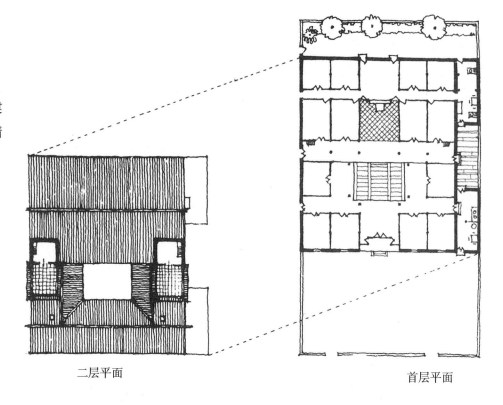

二层平面

首层平面

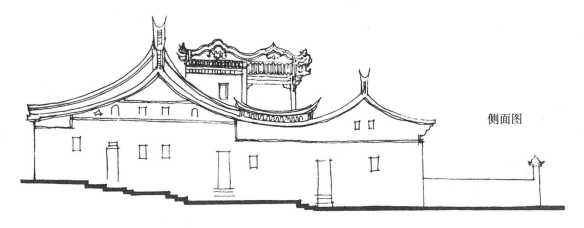

侧面图

屋顶

角脚楼

梁架雕饰

主庭院

大　门

入口石雕

鸟 瞰

外观

屋顶一角

花 窗

透视图

一层平面图

晋江石庭某宅

　　该宅为华侨住宅，平面布局和当地的传统民居一致，在结构、材料、形式，以及细部装修上已是中西合璧、古今兼蓄的综合体。

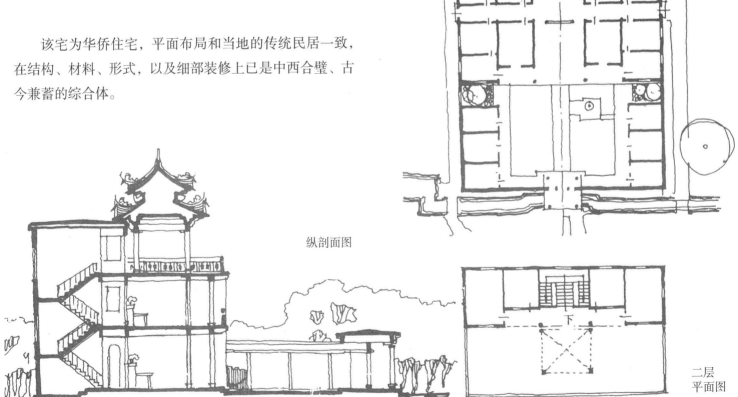

纵剖面图

二层
平面图

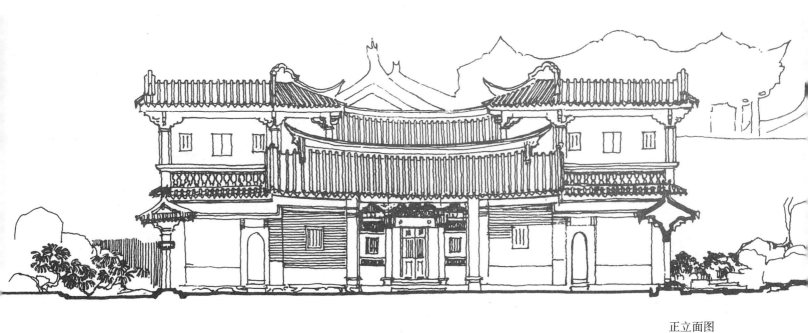

正立面图

晋江大仑蔡宅

　　蔡宅的平面布局形式在晋江地区是有代表性的。该宅的特点是二层的"角脚楼"为三进，其中居室两进，敞亭一进，故外观升起部分的轮廓很突出。该宅的内外檐装修精细，墙面材料色彩对比鲜明，线条舒展优美。

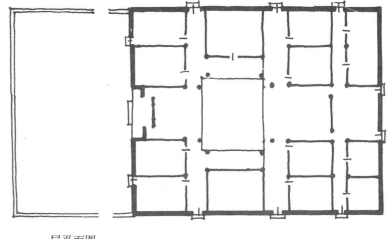

一层平面图

二层平面图

从屋顶上看角脚楼

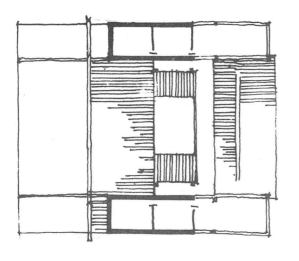

屋顶一角

外观

透视图

外观

晋江金井某宅

　　为近期建造的华侨住宅，平面保持了当地厅堂、护厝布局的传统格局，外观也较开敞，但挑廊、屋顶及细部装饰又受西洋建筑风格的影响，与传统民居格调不统一。

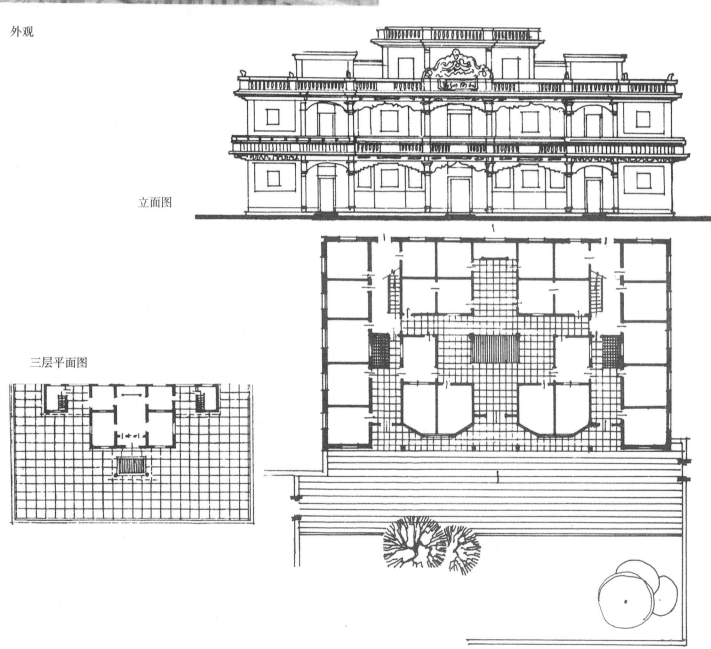

立面图

三层平面图

正　面

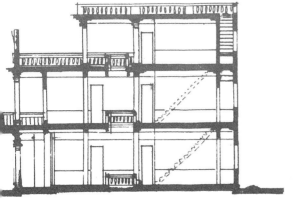

纵剖面

侧　庭

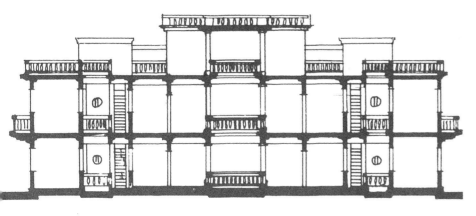

横剖面图

厅　堂

晋江金井蔡宅

外 观▶

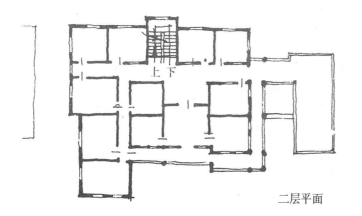

二层平面

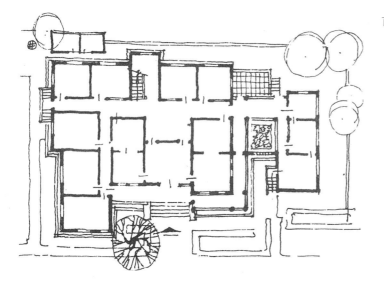

首层平面

这是一座华侨新建的住宅，除底层的厅堂外，其他房间布局自由，建筑风格也与传统民居不同。

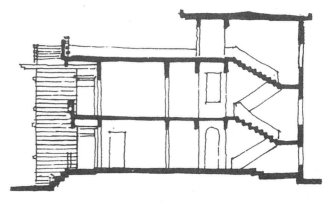

纵剖面

◀ 外 观 ▼

晋江石庭华侨住宅

该宅的平面布局是传统的三合院形式。其特点是三面都是两层楼房，并以回廊贯通，正面也出挑廊，墙面还点缀花饰，比一般民居显得活泼开敞。

外观

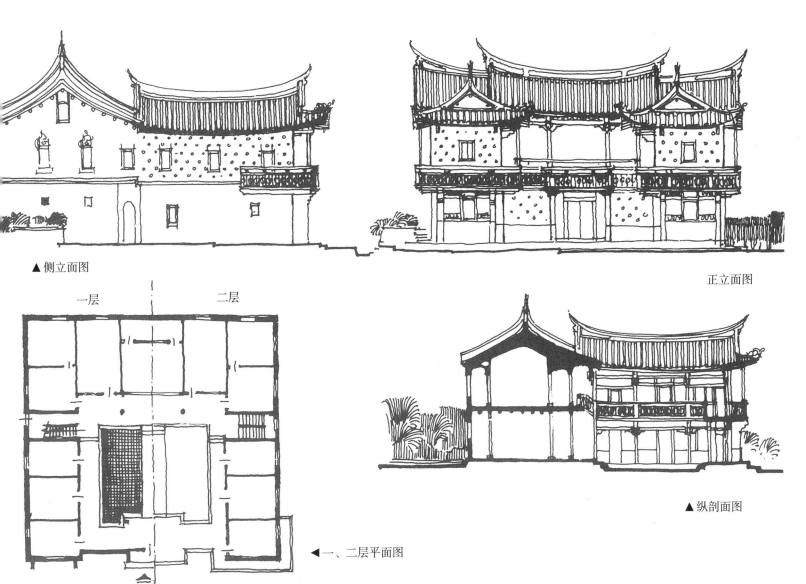

▲ 侧立面图

正立面图

一层　　　二层

◀ 一、二层平面图

▲ 纵剖面图

集美陈宅

集美为福建的主要侨乡之一，该
地民居一般规模较小，层高也较低，
除主体布局规整对称外，细部装修受
所在国建筑风格影响较大，因此，集
美镇内的民居风格很有变化。陈宅位
于坡地，宅院随地势由三个部分组成，
前庭分上下两层，后庭逐步抬高，内
种有花木，整个宅院空间富有变化，
外部轮廓也很生动。

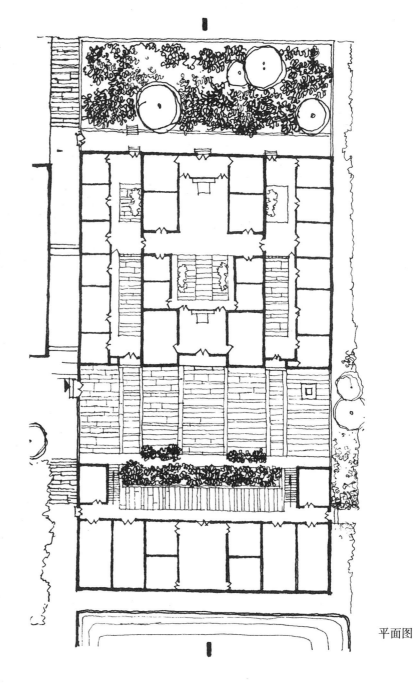

平面图

立面图

入口外观

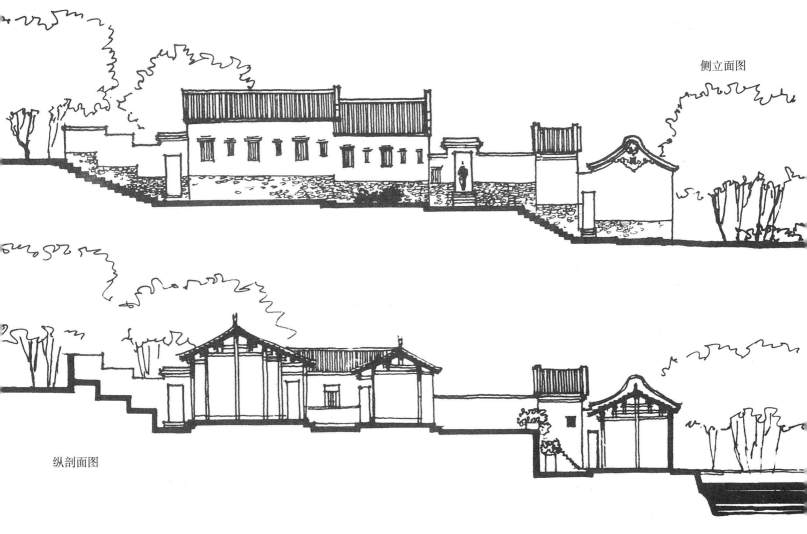

侧立面图

纵剖面图

集美
小宅

不 对 称 的 小 型 民 居，自 由 灵 活，不 拘 一 格。

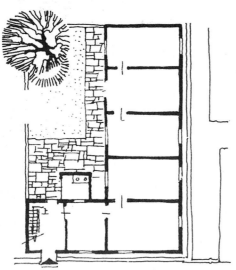

平面图

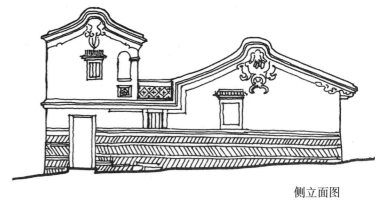

侧立面图

剖视图

▼鸟瞰   ▲外观

集美某宅

该宅庭院两厢为厨房，正面一厅四房，小巧亲切，完整统一。

平面图

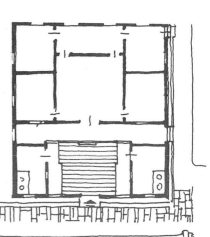

正立面图

集美陈氏住宅

陈宅小巧
亲切，厅堂两
侧居室上设有
阁楼，充分利
用了空间。

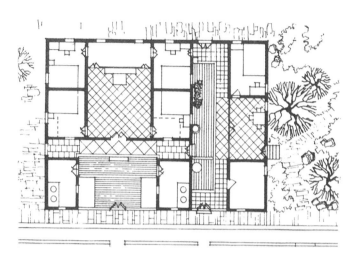

平面图

大 门

侧立面图

剖透视图

漳州南门某宅

宅前为道路，后身临河，平面布局基本规整。该宅利用了背靠河流的有利因素，后庭两侧的厢房及院墙都较低矮，有利于主体部分的通风，同时，也充分利用了内部空间，既有楼层，又有悬挑，外部体形也丰富多变。

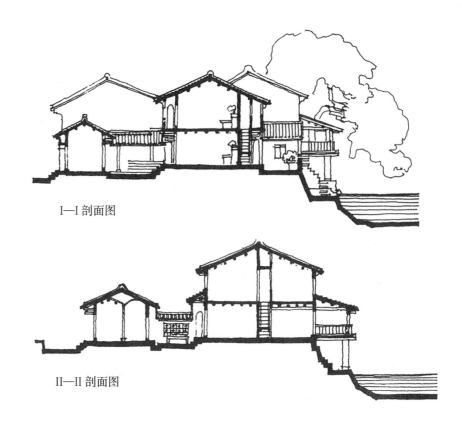

I—I 剖面图

II—II 剖面图

剖面图

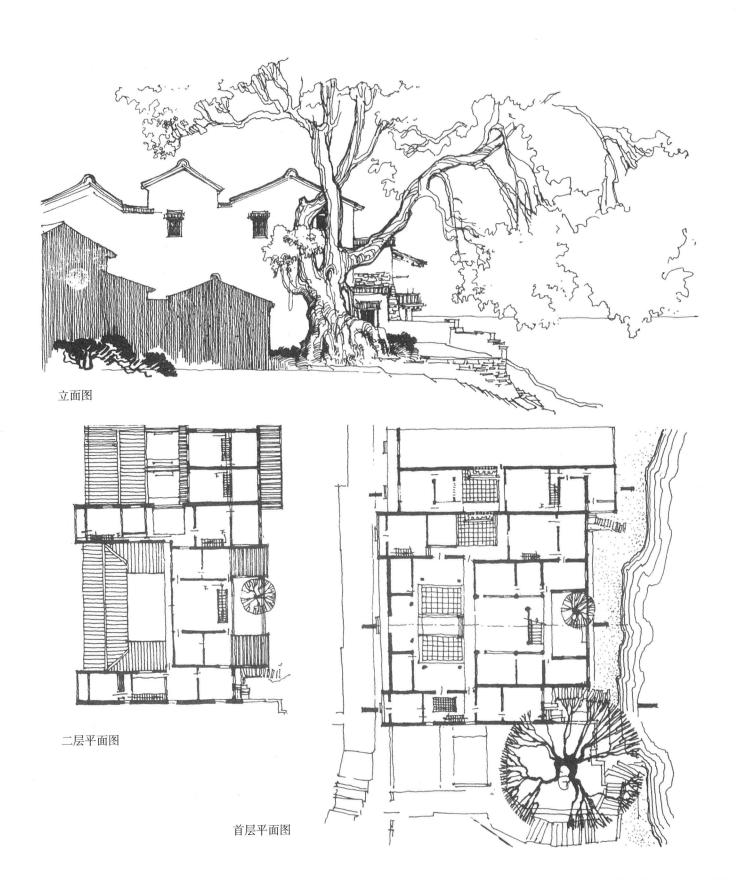

立面图

二层平面图

首层平面图

龙岩新邱厝

该宅平面规整紧凑，当地建筑层高较小，亲切宜人。

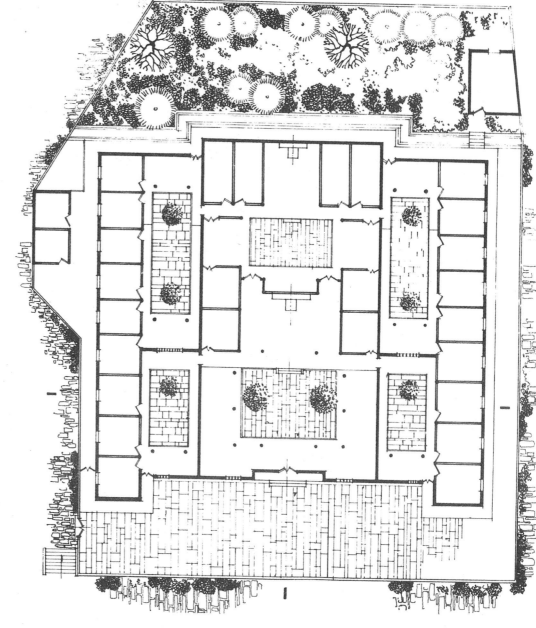

平面图

立面图

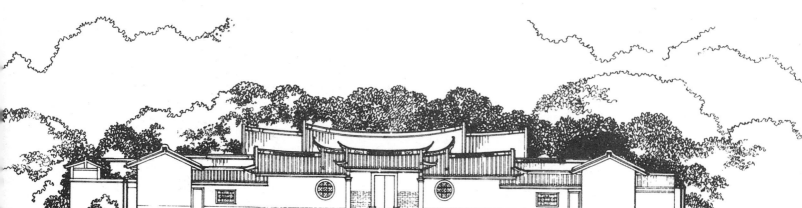

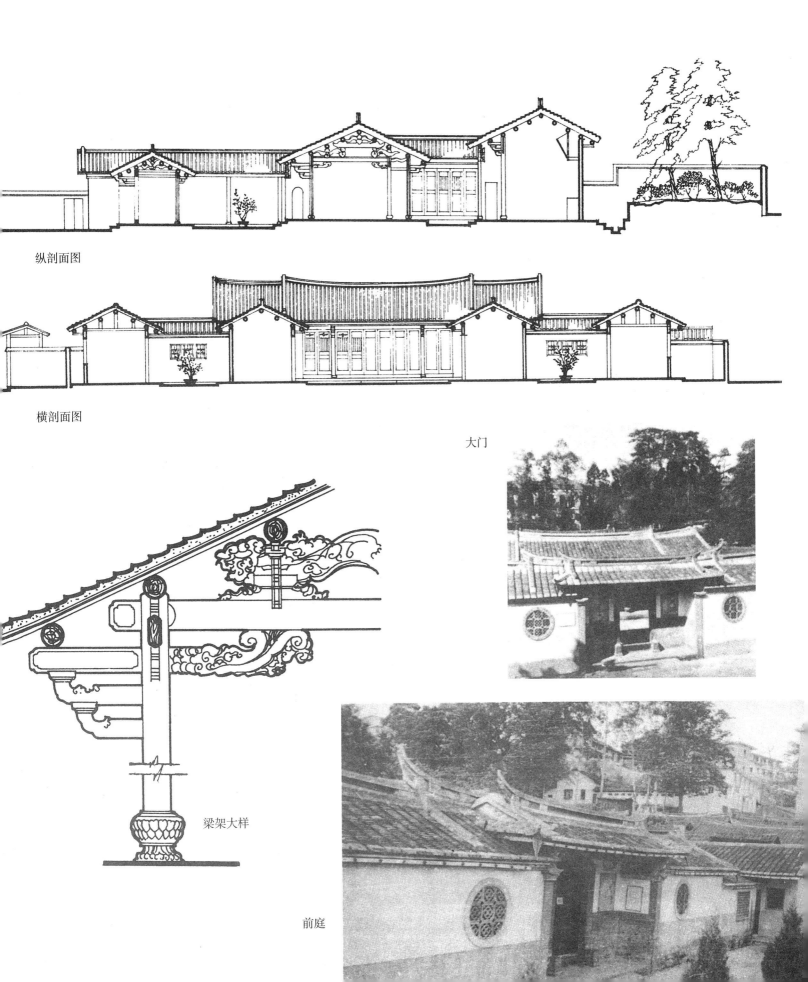

纵剖面图

横剖面图

大门

梁架大样

前庭

永定某宅

　　该宅称"五凤楼"，是永定地区的大型土楼之一。平面基本对称，中轴线上排列着三进院落，两侧为"横屋"，前有半圆形的池塘，后为弧形的院墙。建筑顺坡势采取前低后高的形式，最后的主体建筑高四层，为民居及贮藏用房，两侧横屋，前为一层后为两层，组成高低错落的院落组群。

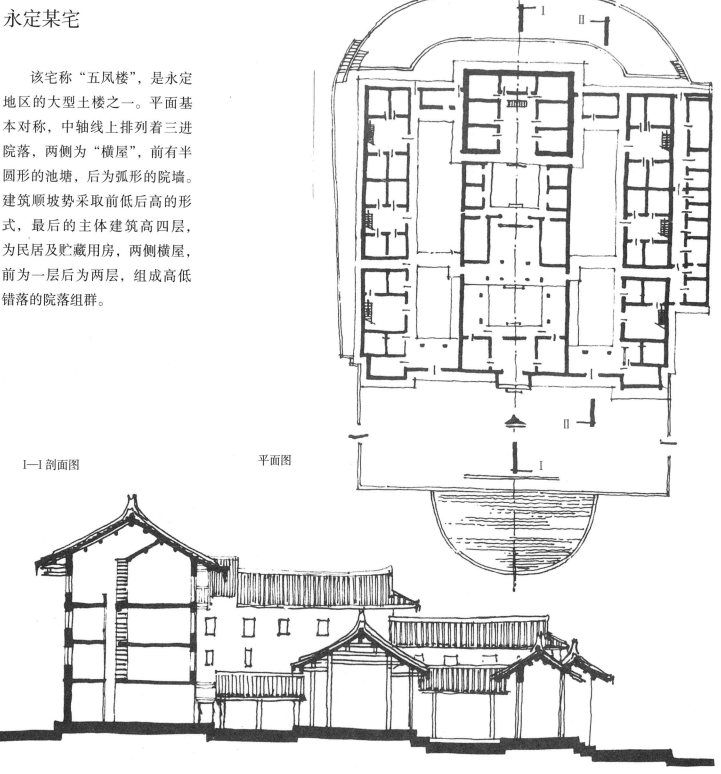

I—I 剖面图　　　　　　　　　　平面图

全景

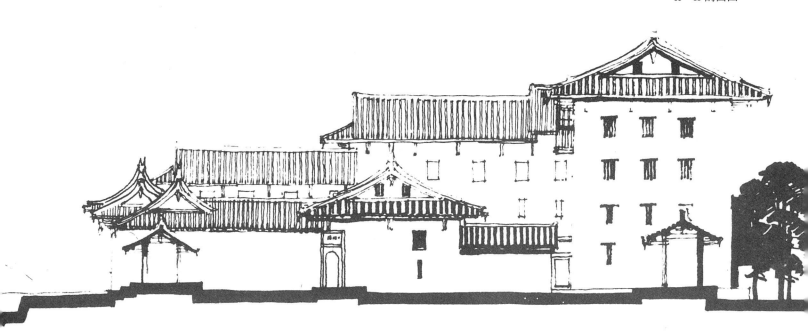

II—II 剖面图

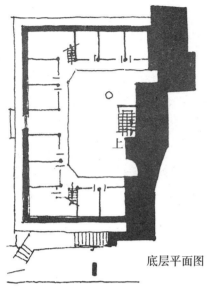

底层平面图

▲庭院透视图

永定古竹和平楼

这是一座建于山腰峡谷中的方形土楼，利用不同标高的陡峭地形，将方形庭院一分为二。上庭后部为主厅及其有关用房，前有横向石阶与下庭相连。主厅居高临下，更显得庄重高大。入口与部分附属用房组成下庭，庭内有水井等生活设施，形成入宅后的前庭。庭院空间显得相当生动。

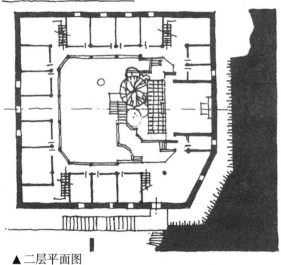

▲二层平面图

▼三层平面图

四层平面图

屋顶平面图

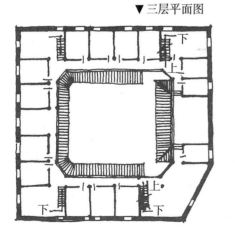

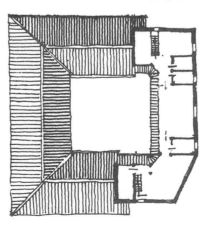

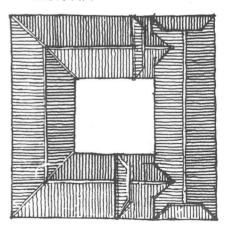

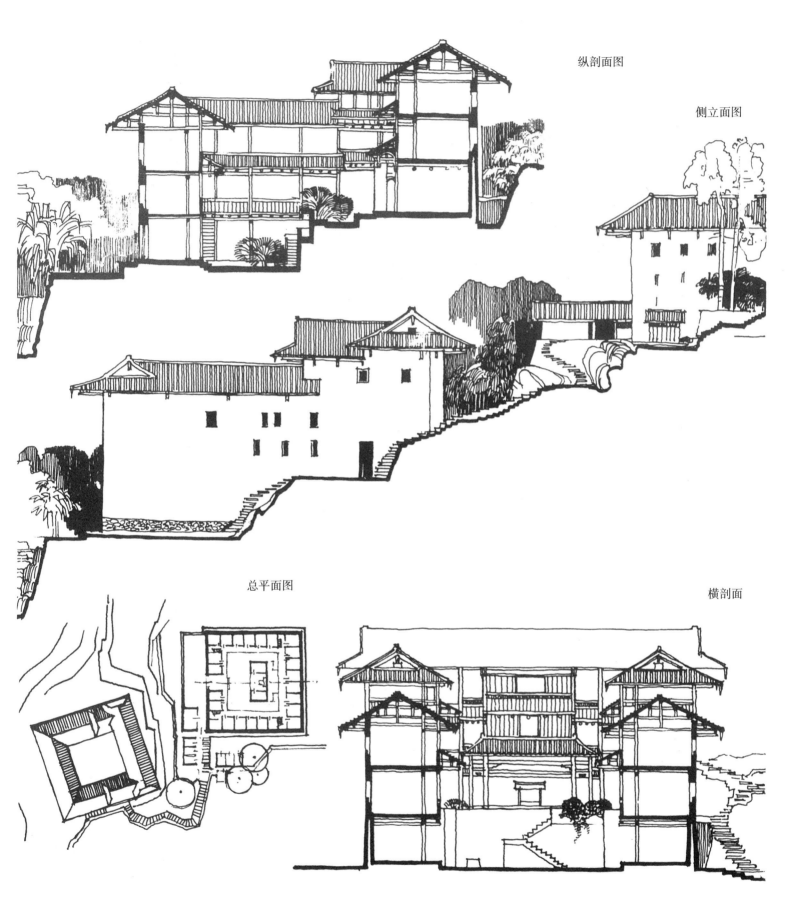

纵剖面图

侧立面图

总平面图

横剖面

立面图

永定古竹五角楼

建于河边坡地上，地段很不规则。该宅能充分利用地形，将宅院随地形建成五角形，在保持主厅对称的情况下，其他用房自由布局。庭院依地势分成上下两部分，下部为主厅所在地，以矮墙、花木布置其中，入口与主厅连成一气。上庭居于一角，由石阶引入。

一侧小楼外观

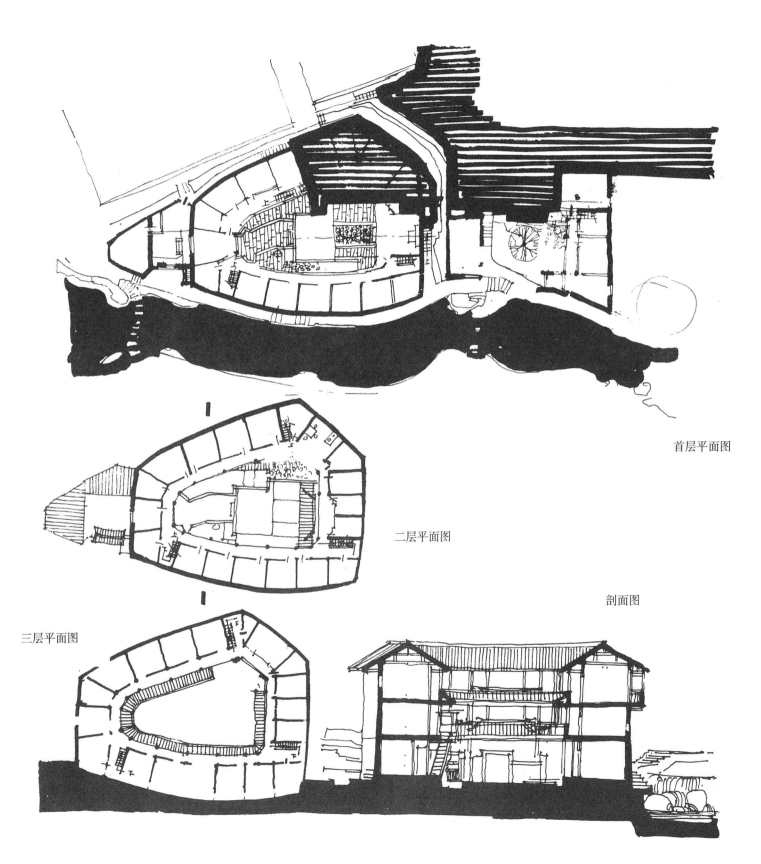

首层平面图

二层平面图

剖面图

三层平面图

立面图

总平面图

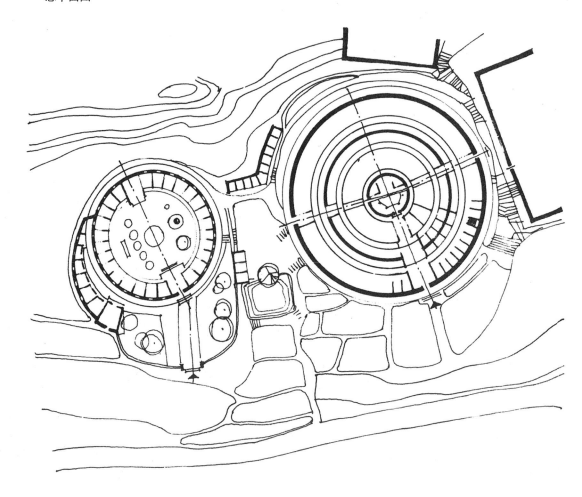

永定古竹新启楼

　　新启楼是永定最大的圆形土楼之一。外环为四层围廊,内环为平房,中央是圆形的厅堂院落。此楼直径达四十余米,房舍三百余间。楼的底层作为厨房、牲畜栏舍及其他杂务用房,二层以上供居住。外围土墙厚约二米,房间内向,安全封闭,此楼外观极其宏伟壮观。

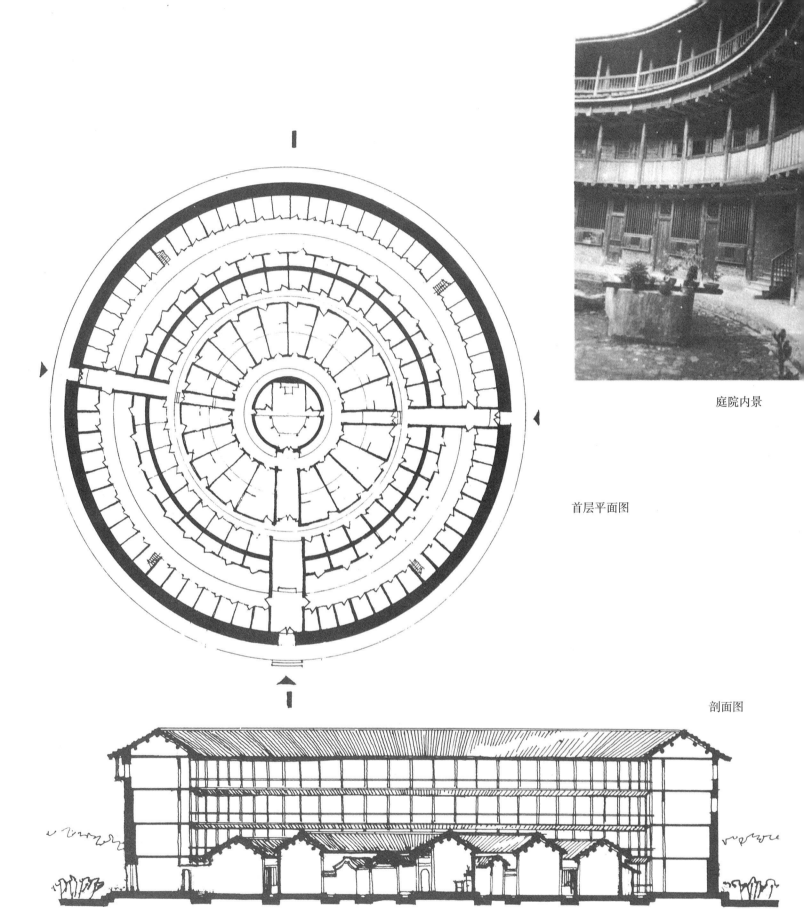

庭院内景

首层平面图

剖面图

二、三层平面图

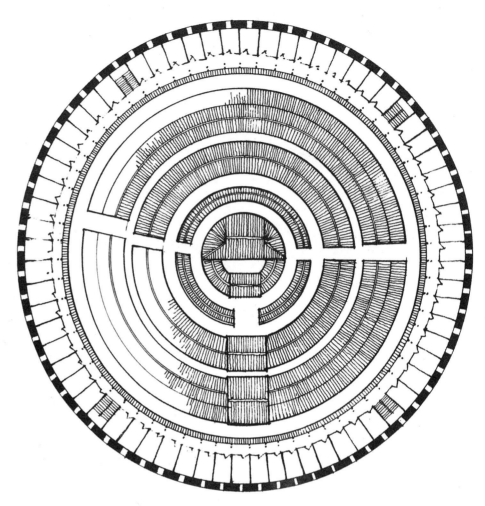

外景

东侧外景

永定古竹某涧边小舍

　　该宅充分利用地形，布局自由，沿水一面伸出挑廊，屋顶富有变化，与周围高大宏伟的土楼相对照，更显得小巧玲珑。

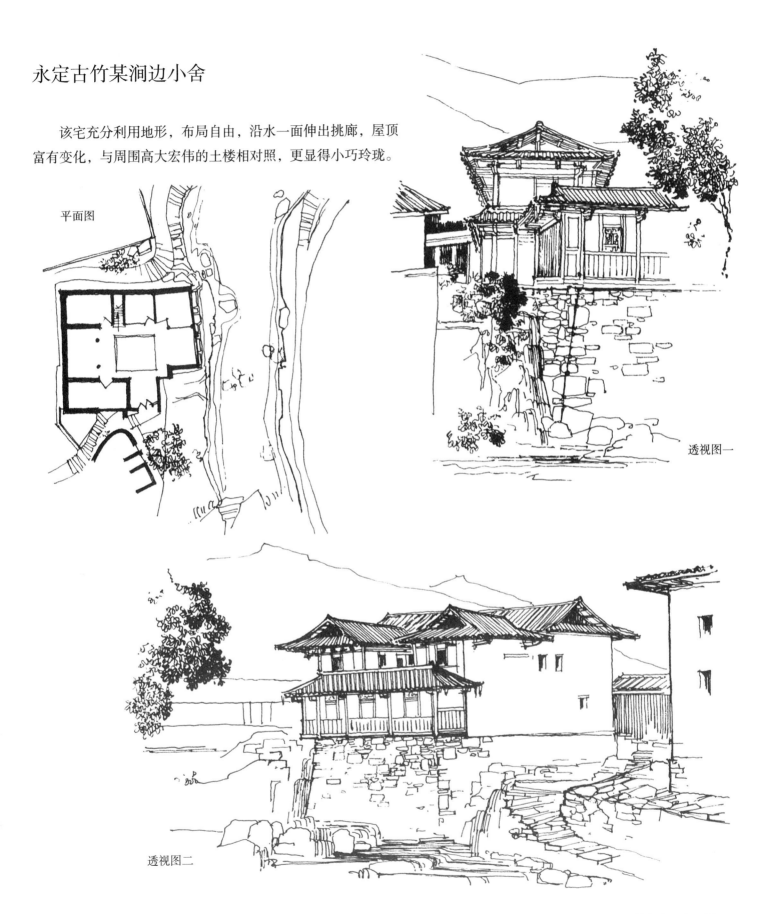

平面图

透视图一

透视图二

外观　　　　庭院一角

永定苏宅

苏宅为方形土楼，是永定地区土楼的一种形式。房舍沿周边布置，形成方形围廊，楼梯置于四角。二层沿墙为内廊，将居室靠向庭院。厅堂置于庭院中央。

苏宅因失火烧掉一角，土墙安然无恙。

被毁庭院一角

平面图

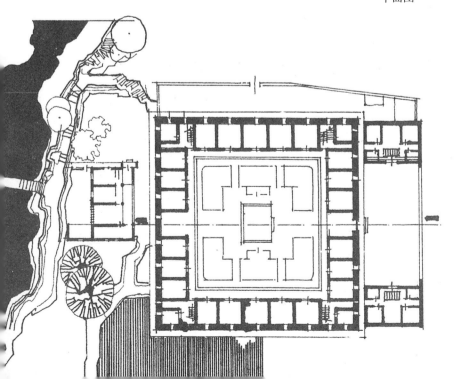

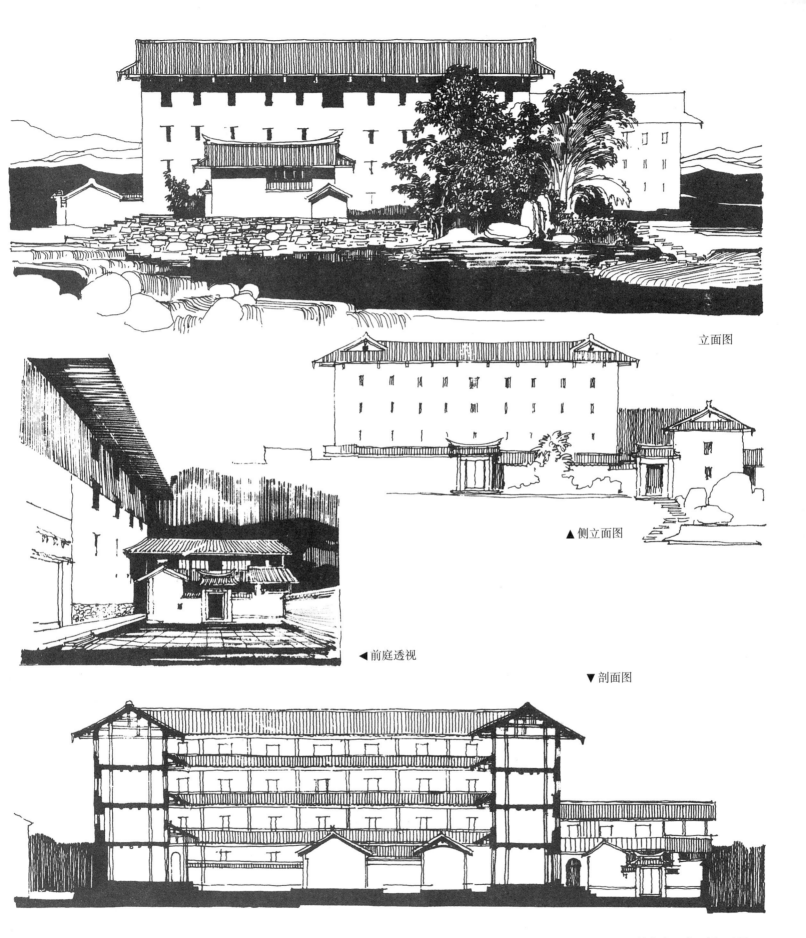

立面图

▲ 侧立面图

◀前庭透视

▼ 剖面图

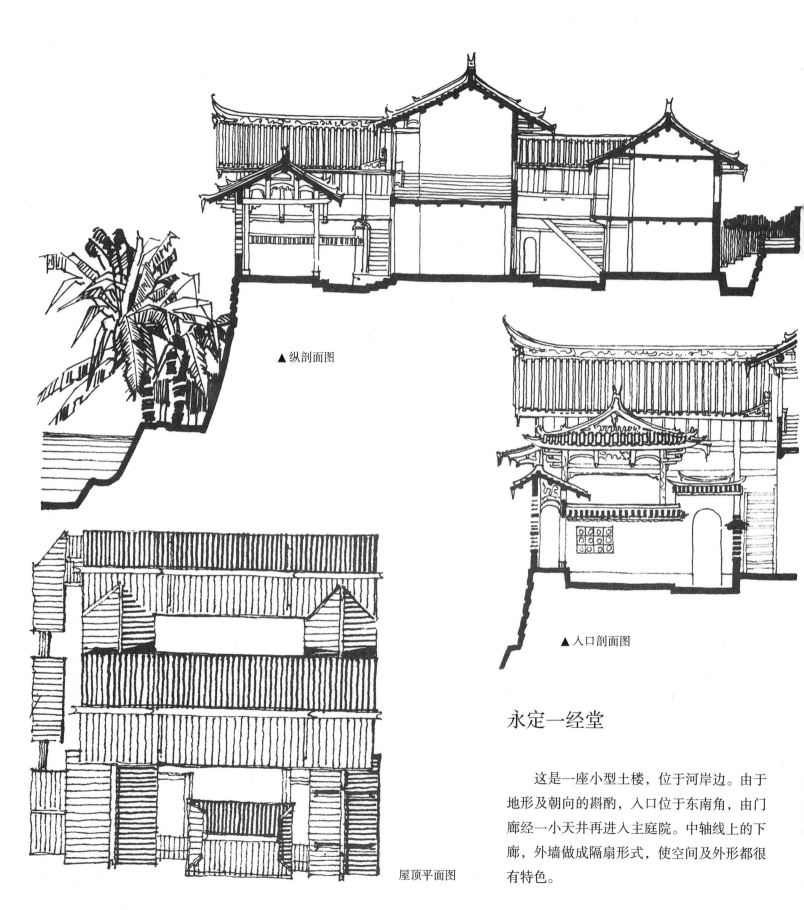

▲纵剖面图

▲入口剖面图

屋顶平面图

永定一经堂

这是一座小型土楼，位于河岸边。由于
地形及朝向的斟酌，入口位于东南角，由门
廊经一小天井再进入主庭院。中轴线上的下
廊，外墙做成隔扇形式，使空间及外形都很
有特色。

立面图

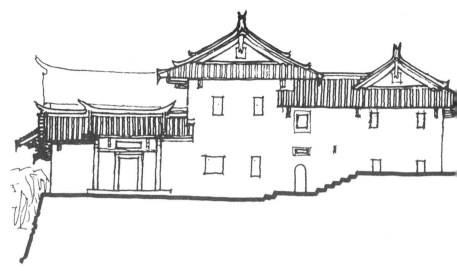

后庭

群体外观

入口透视

外 观

首层平面图

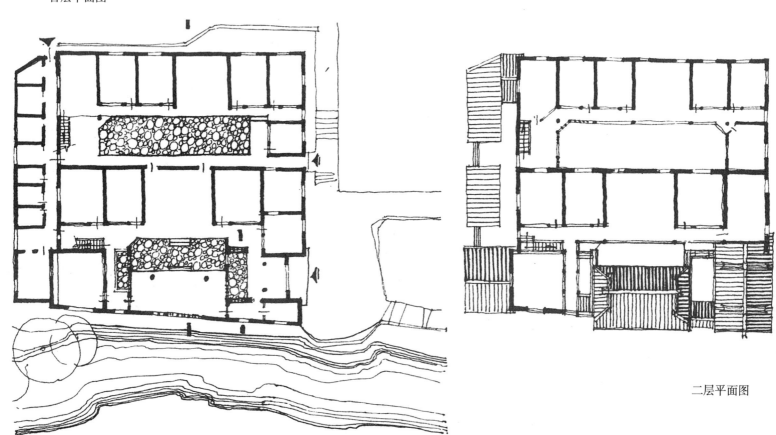

二层平面图

永定某宅

为小型方楼，占地小而楼层多。底层为厅堂及附属用房，上层供居住使用。

立面图 ▶

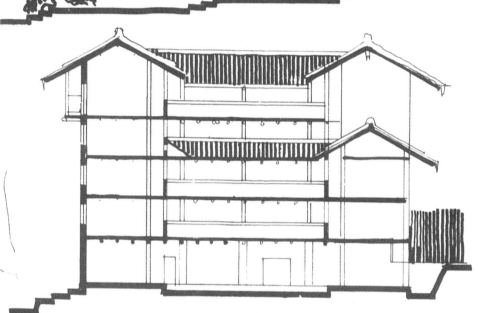

首层平面 ▼

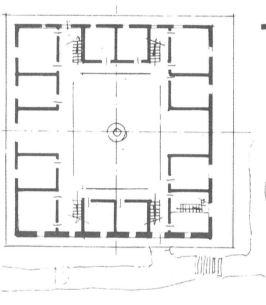

剖面图

外观

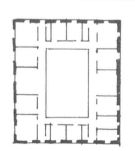

四、五层平面

二、三层平面

永定坡地小型民居之一

　　永定地处山区，地形起伏较大，除以聚族而居，从安全防范出发兴建的大型土楼外，尚有一些利用小块台地灵活建造的小型民居，它们布局自由，高低错落，空间利用得相当好。

南侧外景

西侧外景

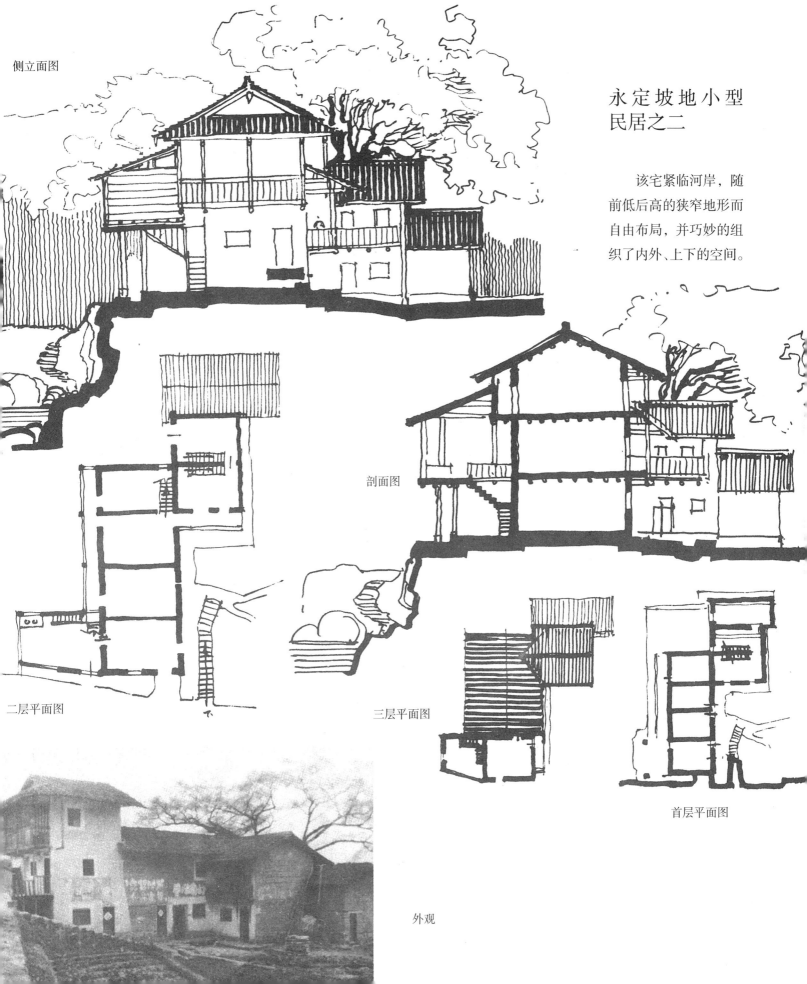

侧立面图

永定坡地小型
民居之二

　　该宅紧临河岸，随
前低后高的狭窄地形而
自由布局，并巧妙的组
织了内外、上下的空间。

剖面图

二层平面图

三层平面图

首层平面图

外观

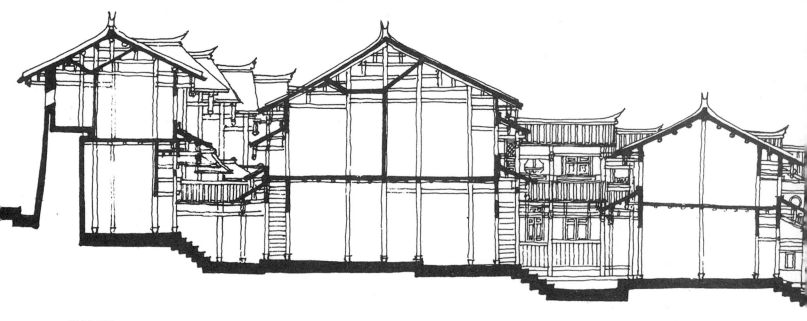

纵剖面图

永安西华池宅

池宅是福建省罕见的一座大型木楼，地处较偏僻的农村。其外围为约4米厚的土筑围墙，与永定地区的围廊式的土楼相似，内部则为合院式的布局，在主轴线上排列层层厅堂，两侧是护厝。因此，可以说池宅的布局是围廊式土楼与以厅堂为中心的院落式民居的综合。

池宅规模极其宏伟，屋顶层层叠落，加上华丽的外檐装饰，大小形状各异的庭院，建筑空间显得异常丰富多彩。

全景透视

鸟瞰

鸟瞰图

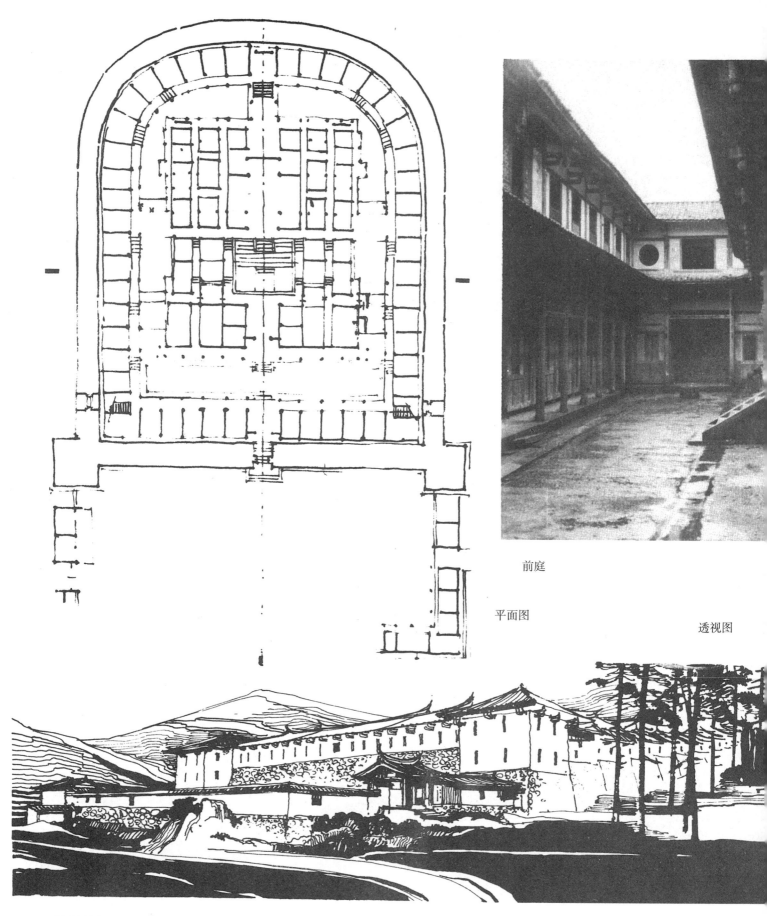

前庭

透视图

平面图

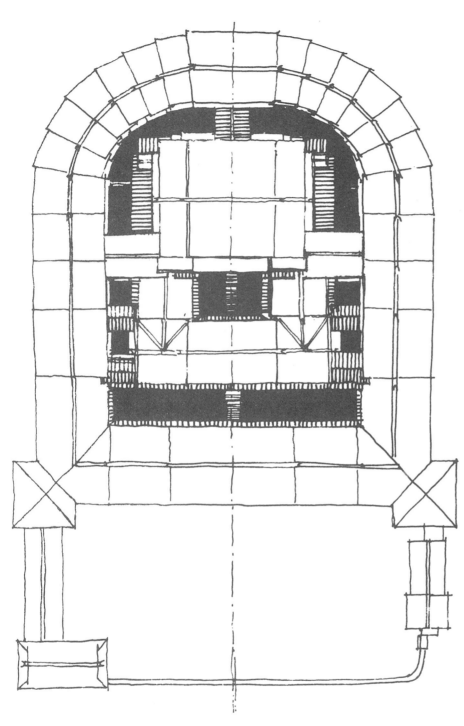

屋顶平面图

庭院透视

局部外观

庭院一角透视图

横剖面图

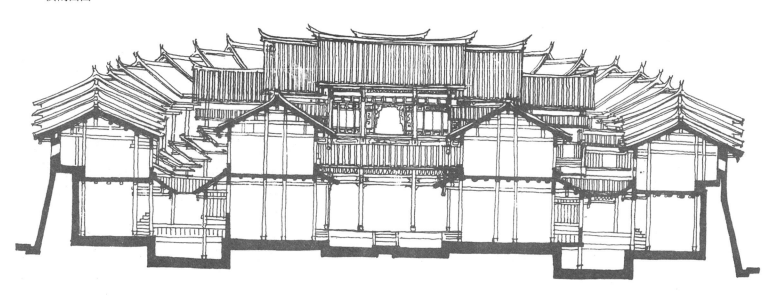

屋檐及细部装饰（三图）

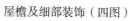

屋檐及细部装饰（四图）

后楼

永安西洋邢宅

　　邢宅的特点是外围土墙前呈方形，后为曲线形，左右对称。内部厅舍为院落式布置。入口设于一侧，东端为带有水庭的小型宅院。整个宅院在周围的小型土楼衬托下，非常宏伟壮观。

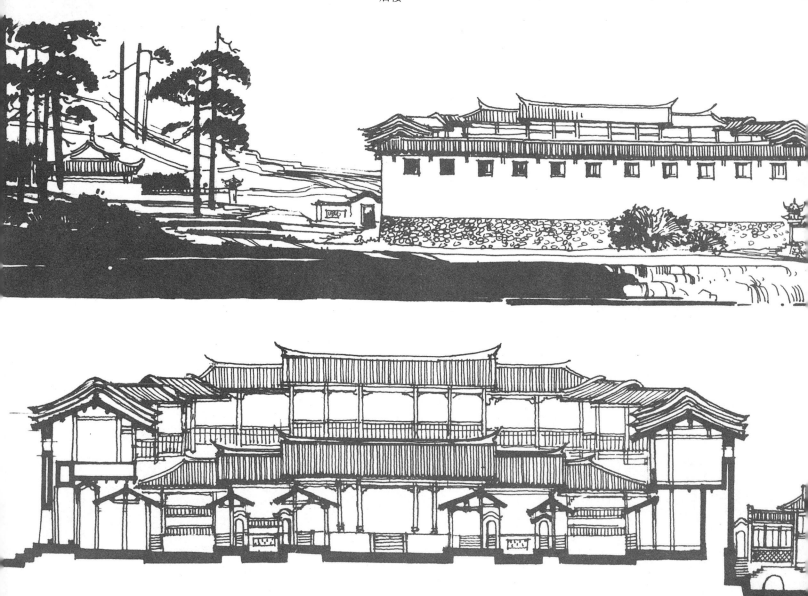

鸟瞰图

后庭

立面图

横剖面图

庭院

庭院

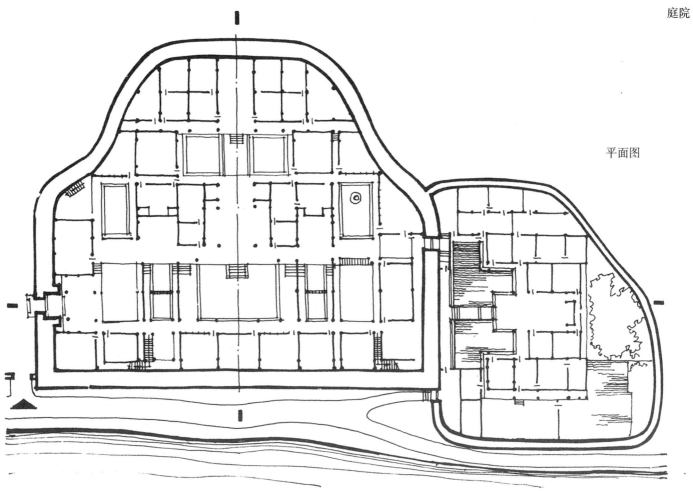

平面图

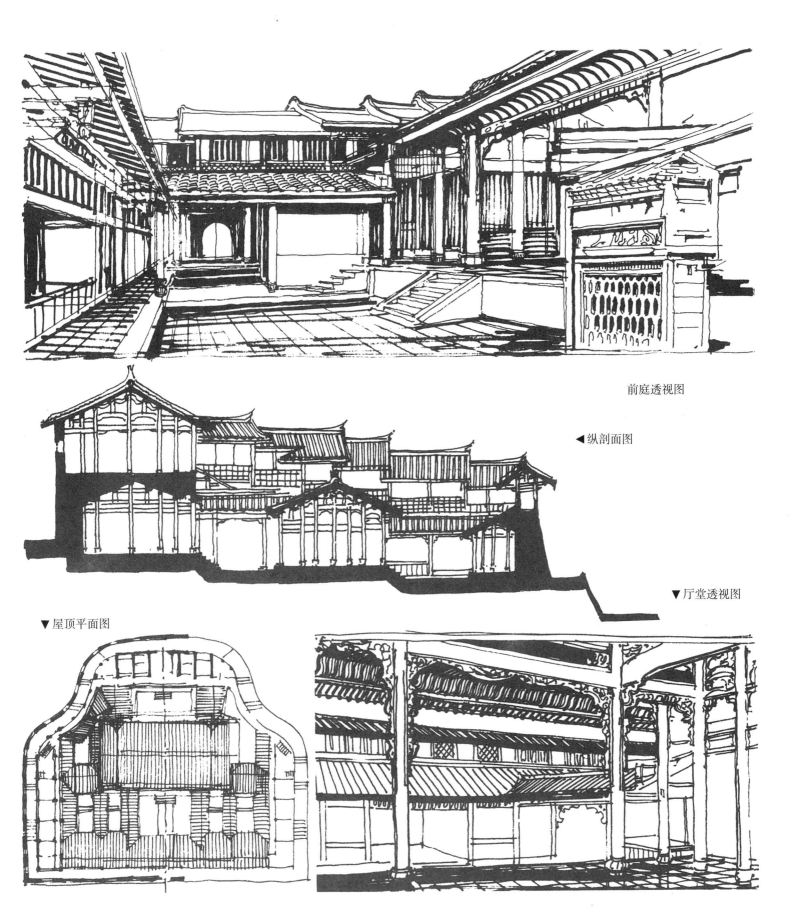

前庭透视图

◀纵剖面图

▼厅堂透视图

▼屋顶平面图

楼层一角（三图）

隔墙空花（三图）

上杭雷宅

雷宅原为郭家祠堂，故厅、廊都较宽敞。居住用房主要在后面的院落中。该宅的厅堂前有可拆卸的隔扇，使厅堂开敞而不空旷。

庭　院

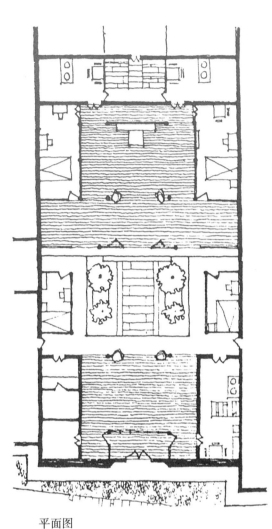

平面图

剖面图

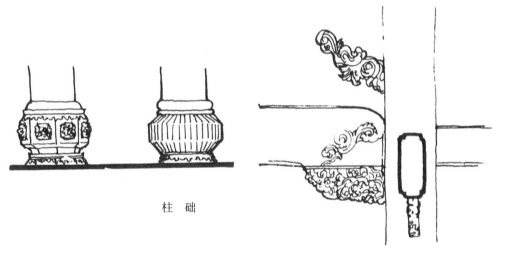

柱　础

梁　架

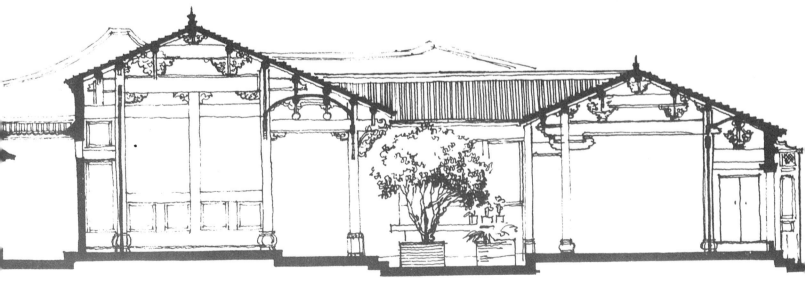

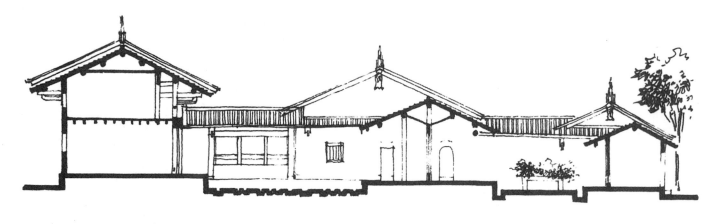

I—I 剖面图

上杭古田八甲廖宅

　　廖宅采用当地常见的布局形式，规模较小，层高较低，生活气息很浓，装修也简洁朴实。

庭院

平面图

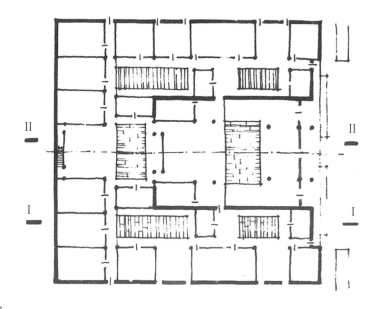

庭院透视

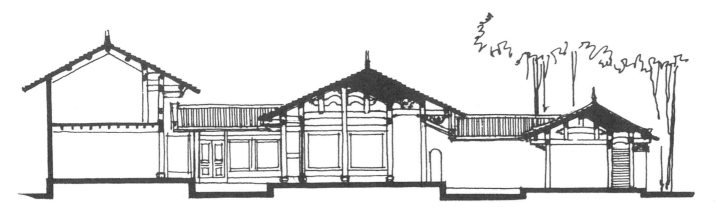

II—II 剖面图

庭院

梁架

正面外观

侧面外观

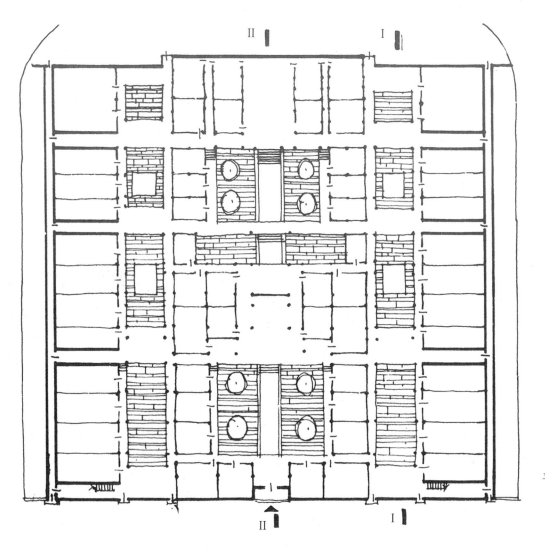

平面图

龙溪七口瓯卢宅

这是龙溪一大型民居，平面布局方整对称，但房舍随地形前低后高，两侧护厝屋顶也层层跌落，外形轮廓较丰富。内部护厝前后都有通廊，使得庭院空间很有层次。

庭院（三图）

通廊

鸟瞰

I—I 剖面图

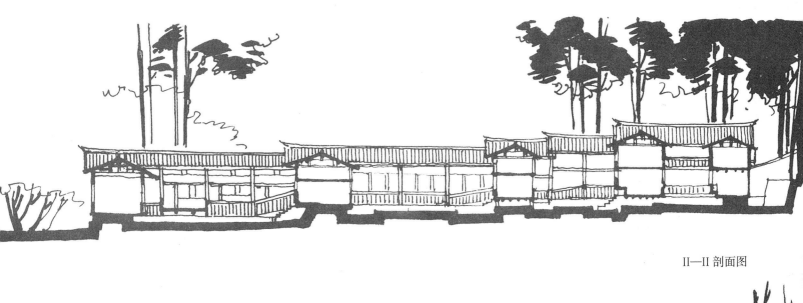

II—II 剖面图

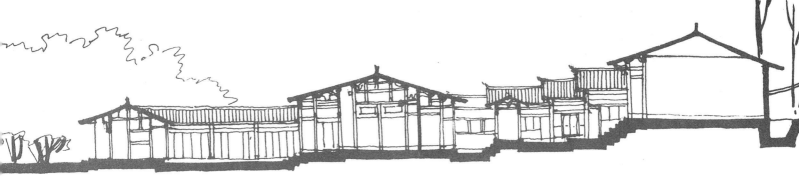

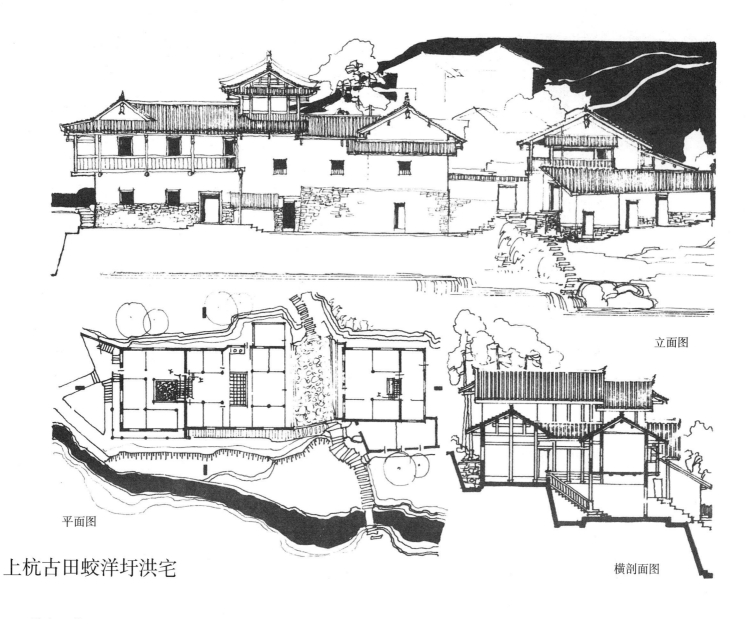

立面图

平面图

横剖面图

上杭古田蛟洋圩洪宅

洪宅坐落于河边的一小块地基上，布局自由灵活，为了争取空间，二层忽悬挑、忽再升起阁楼，外形高低多变，加之山墙出披檐，更使外形生动活泼。

纵剖面图

庭院

通廊

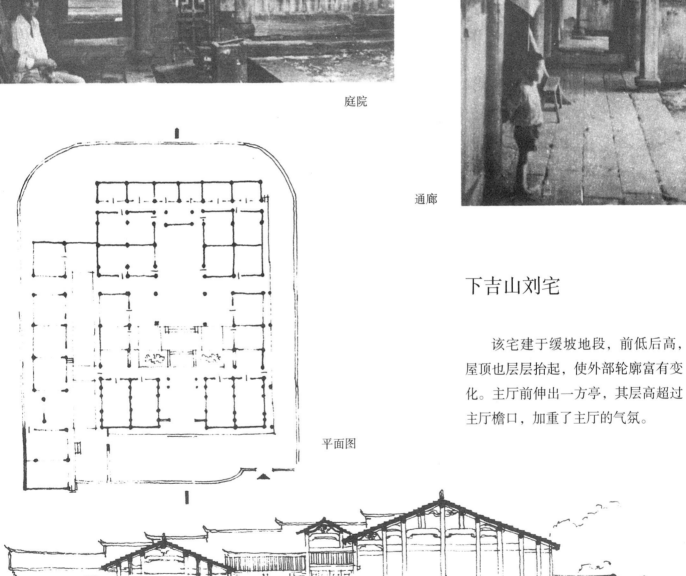

平面图

下吉山刘宅

　　该宅建于缓坡地段，前低后高，屋顶也层层抬起，使外部轮廓富有变化。主厅前伸出一方亭，其层高超过主厅檐口，加重了主厅的气氛。

剖面图

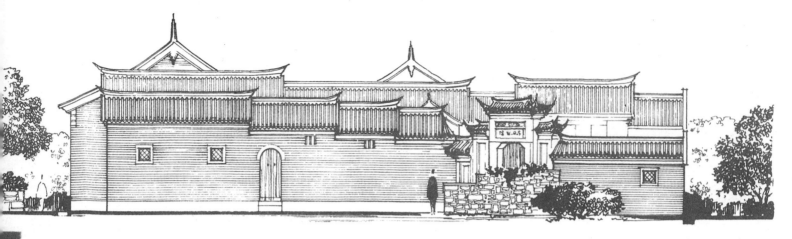

西立面图

花墙

新泉张宅

　　张宅正处于地势较平坦的村头路旁，周围是开阔的农田，位置突出。其平面布局的特点是：居中心部位的厅堂有开敞宽大的前厅以回廊与之相连系。居室分布在东西两侧的庭院中。入口、前庭院、东南角侧庭院的布局，自由灵活、富有变化。由于当地十分讲究风水，认为入口大门迎河水流向而开最大吉大利，故将大门设在一角，而且面向西北。庭院层层深入，各具特色。侧庭空花隔墙雅致优美。

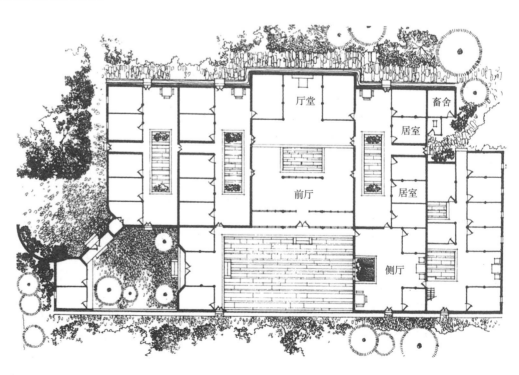

平面图

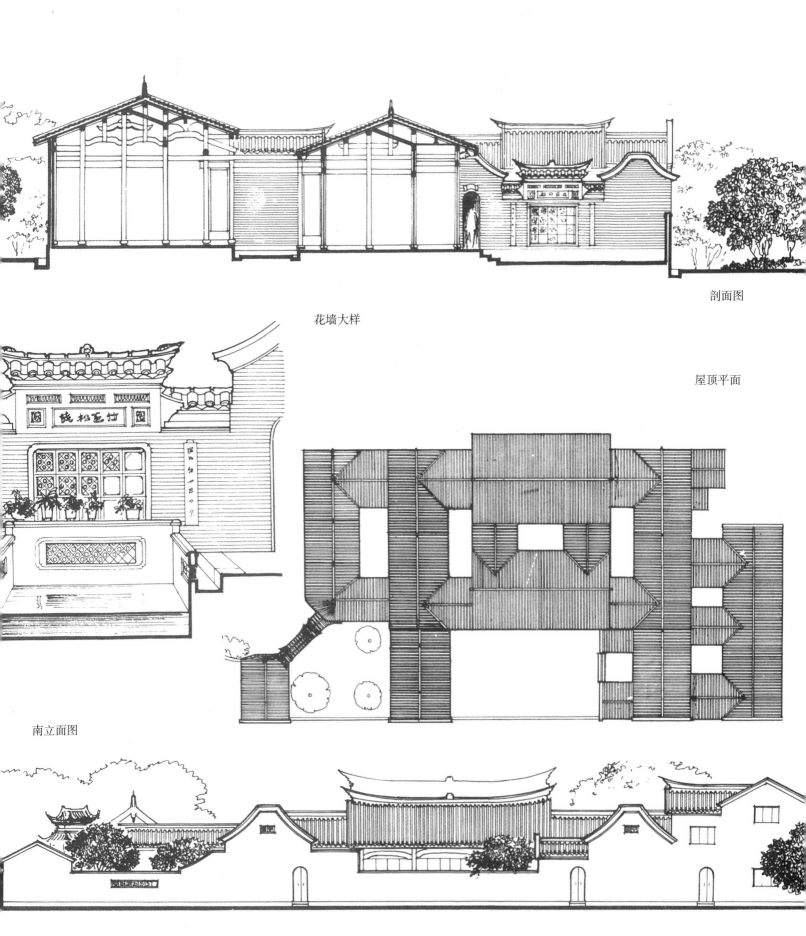

剖面图

花墙大样

屋顶平面

南立面图

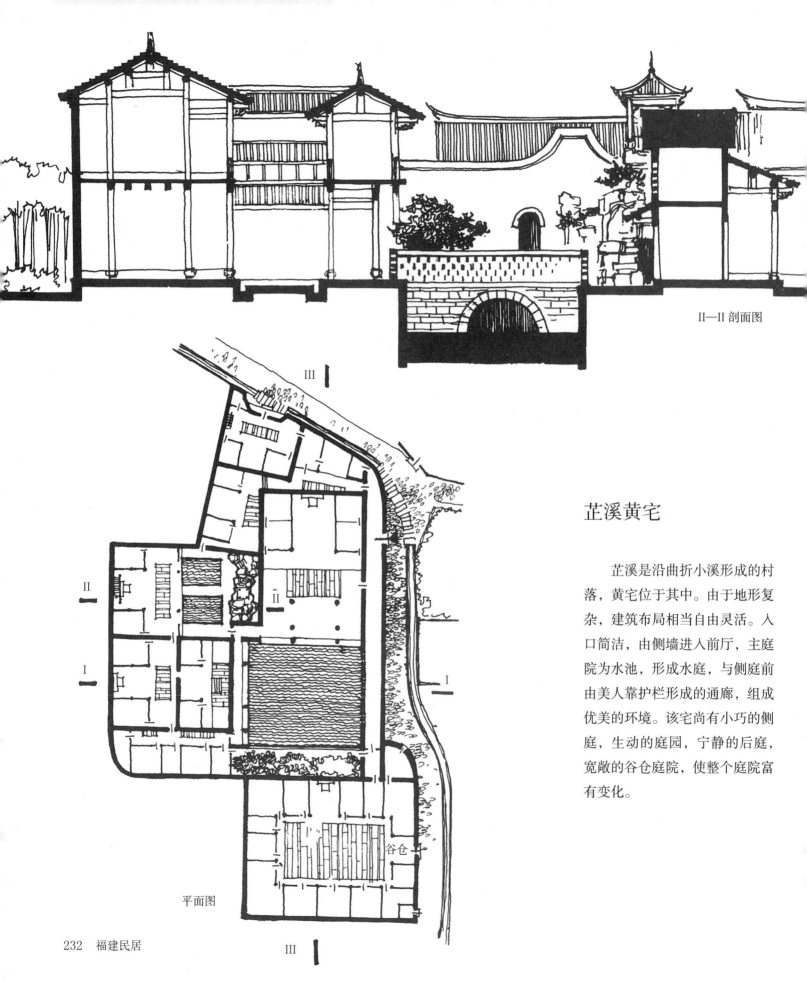

II—II 剖面图

芷溪黄宅

芷溪是沿曲折小溪形成的村落，黄宅位于其中。由于地形复杂，建筑布局相当自由灵活。入口简洁，由侧墙进入前厅，主庭院为水池，形成水庭，与侧庭前由美人靠护栏形成的通廊，组成优美的环境。该宅尚有小巧的侧庭，生动的庭园，宁静的后庭，宽敞的谷仓庭院，使整个庭院富有变化。

谷仓

平面图

水庭

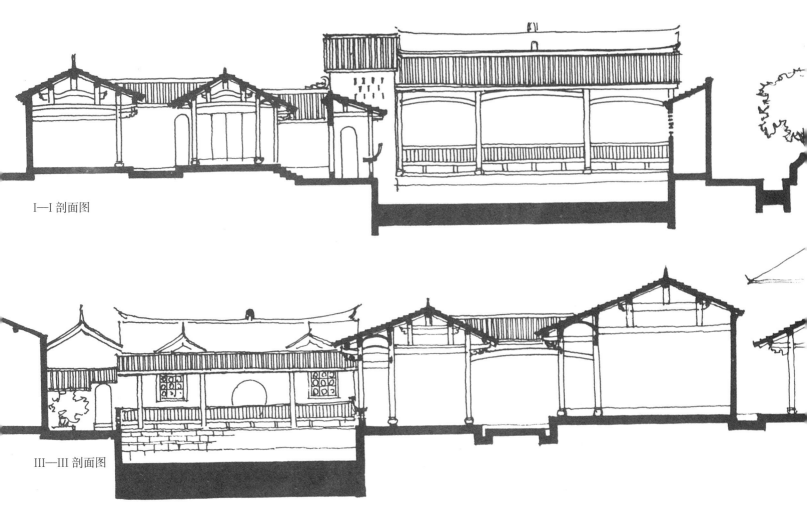

I—I 剖面图

III—III 剖面图

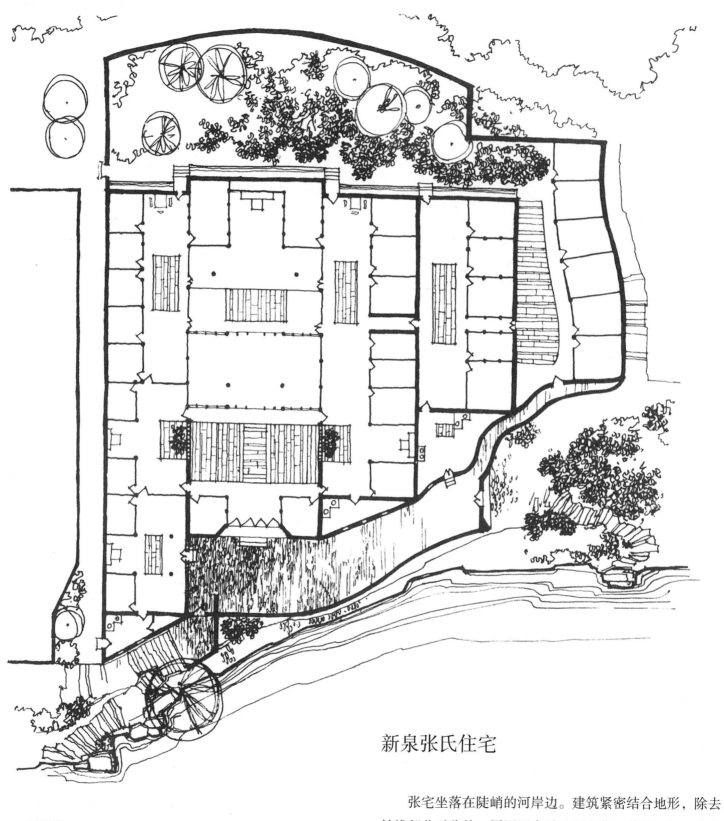

新泉张氏住宅

平面图

张宅坐落在陡峭的河岸边。建筑紧密结合地形，除去轴线部分对称外，周围用房随地形变化，其前庭沿河流走势呈曲线形。围墙低矮，又曲曲弯弯，使沿河立面非常生动。

隔墙花饰

立面图

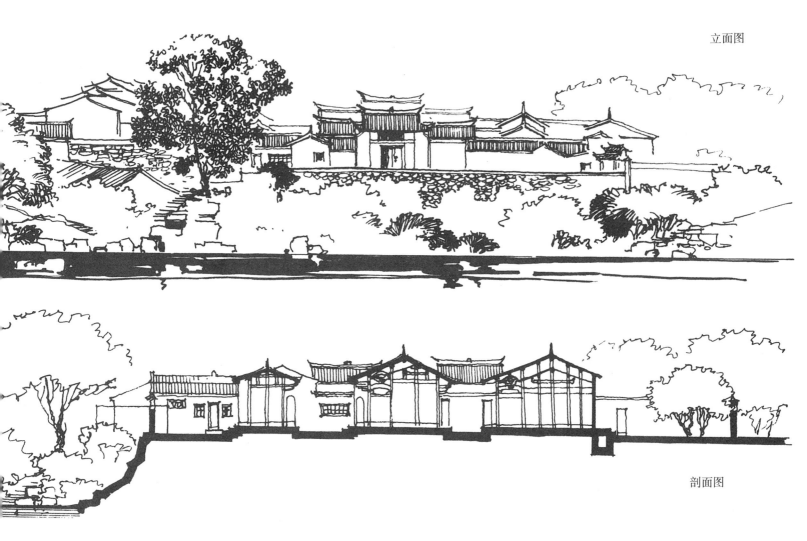

剖面图

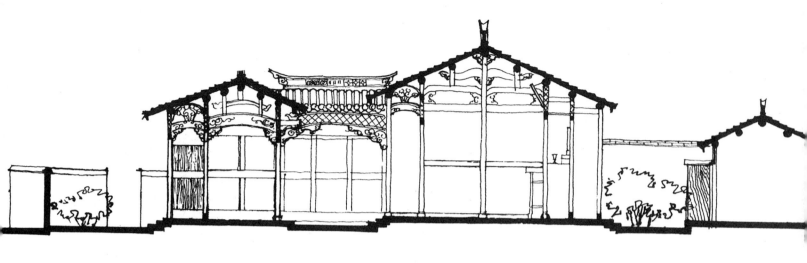

剖面图

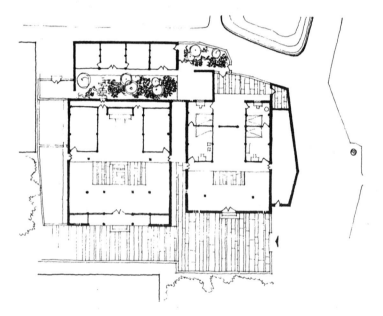

新泉望云草堂

　　望云草堂原为家祠，故以厅、廊为主要空间。一边为专供家人学习用的书厅。两座院落并列，以通道相隔，这种布局比较少见。后面为服务性的附属用房，前为整洁的前庭，整个宅院庄重、安静。

平面图

柱础大样

立面图

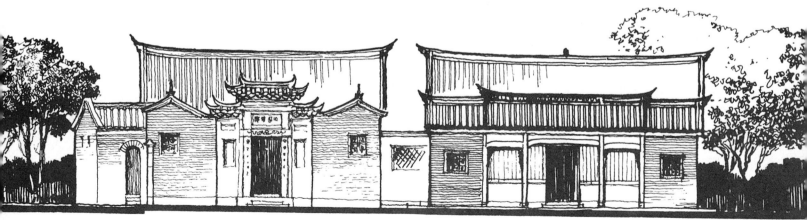

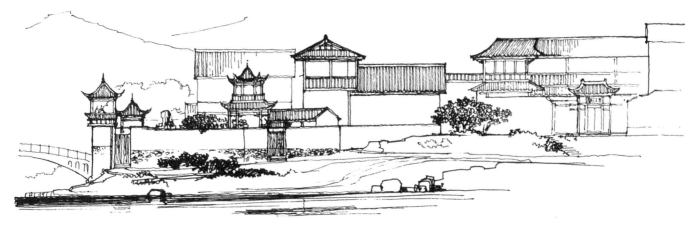

北立面图

平面图

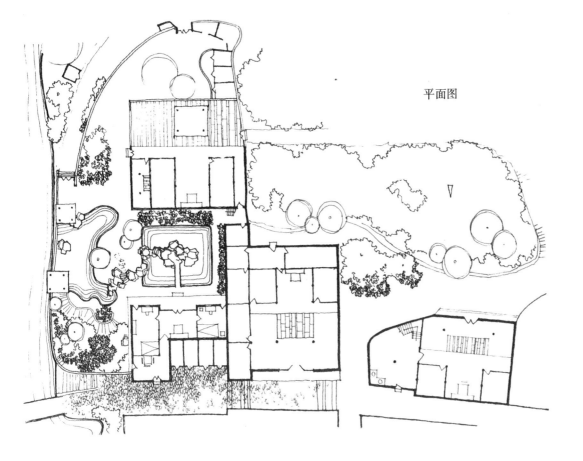

莒溪罗宅

　　罗宅临溪而建，由两组建筑组成，以小路分隔，二层以天桥联系。建筑布局自由灵活。宅中用亭榭、花木、山石装点庭院，特别是两个骑墙的望溪亭，将宅内宅外的景色融为一体，使宅院具有了园林风光。

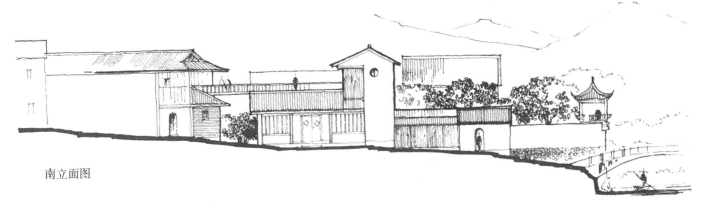

南立面图

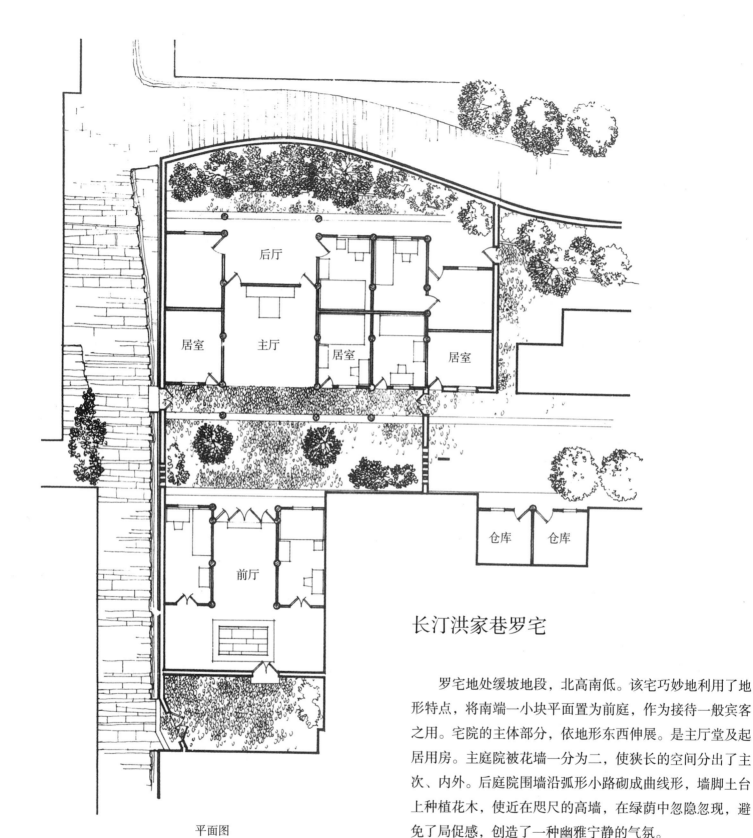

后厅

居室 主厅 居室 居室

仓库 仓库

前厅

平面图

长汀洪家巷罗宅

    罗宅地处缓坡地段，北高南低。该宅巧妙地利用了地形特点，将南端一小块平面置为前庭，作为接待一般宾客之用。宅院的主体部分，依地形东西伸展。是主厅堂及起居用房。主庭院被花墙一分为二，使狭长的空间分出了主次、内外。后庭院围墙沿弧形小路砌成曲线形，墙脚土台上种植花木，使近在咫尺的高墙，在绿荫中忽隐忽现，避免了局促感，创造了一种幽雅宁静的气氛。

    罗宅的前后两厅，轴线相错，打破了常用的完全对称的格局，使宅院显得灵巧自由，亲切活泼。

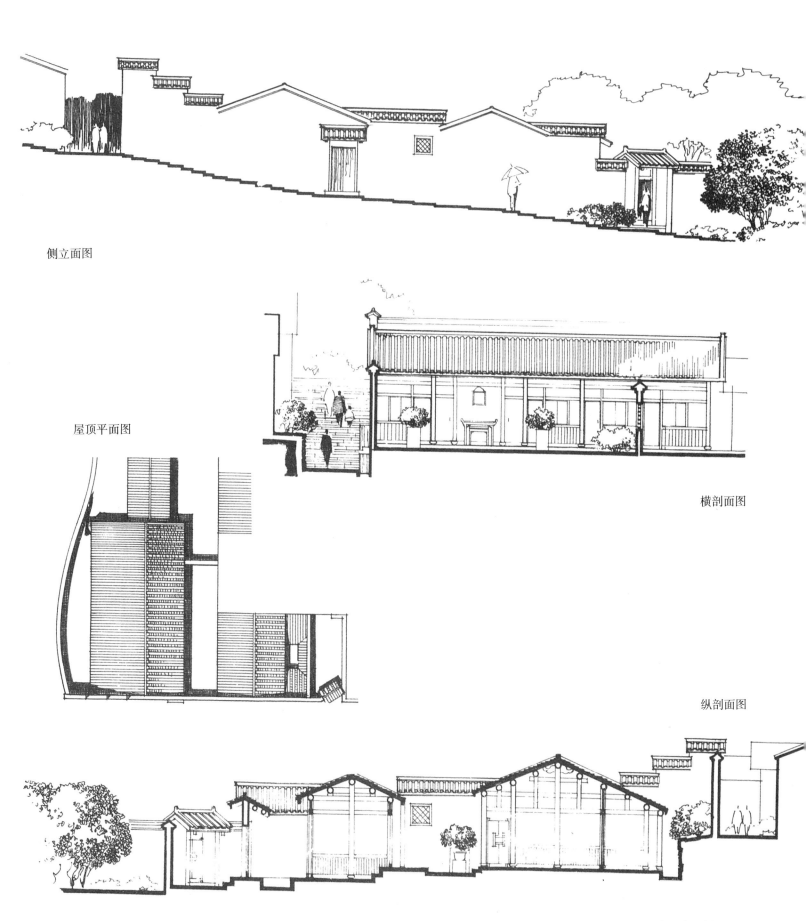

侧立面图

屋顶平面图

横剖面图

纵剖面图

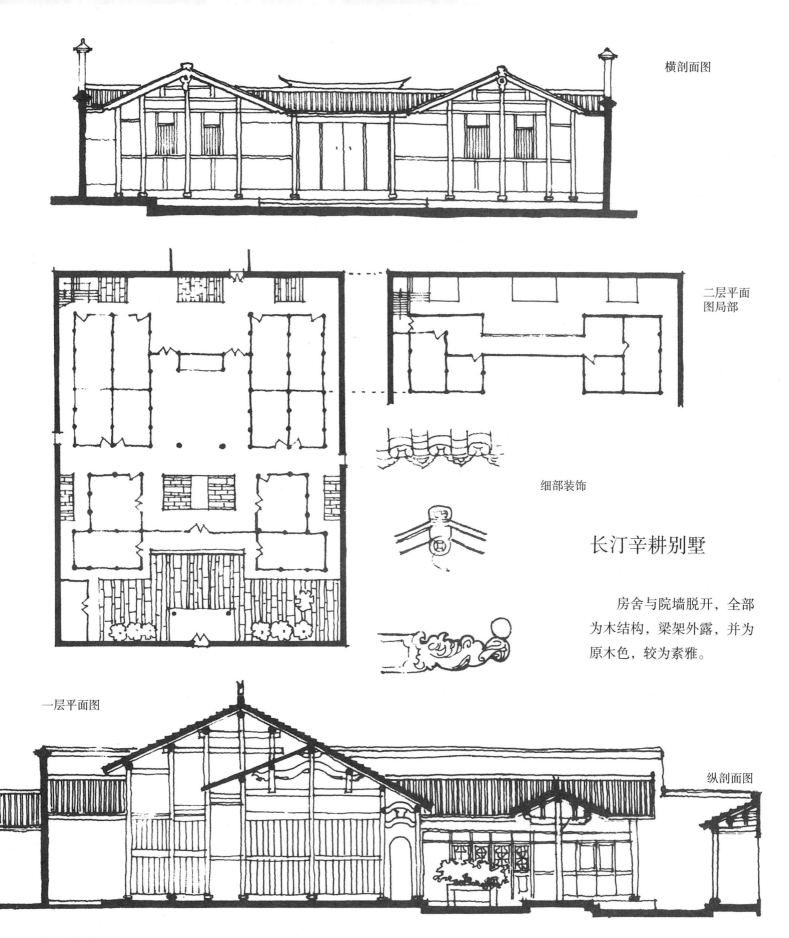

横剖面图

二层平面
图局部

细部装饰

长汀辛耕别墅

房舍与院墙脱开，全部
为木结构，梁架外露，并为
原木色，较为素雅。

一层平面图

纵剖面图

第二轴线入口

前庭左入口

泰宁尚书第

此宅为明代天启年间兵部尚书李春烨所建，是一幢保存比较完整的大型明代民居。该宅有五条并列的轴线，形成风格一致，但又相对独立的五幢民居，供李家五兄弟居住，故又称五福堂。各幢之间以薄砖建造的高大平整的防火墙相隔，墙脊为重檐歇山式。

该宅的厅堂，梁大柱粗，庭院以大块石板铺砌，有的石板达 4.3 米 ×1.2 米。门前有通道使五幢民居连成一体，入口部分都有精湛的砖石雕刻。

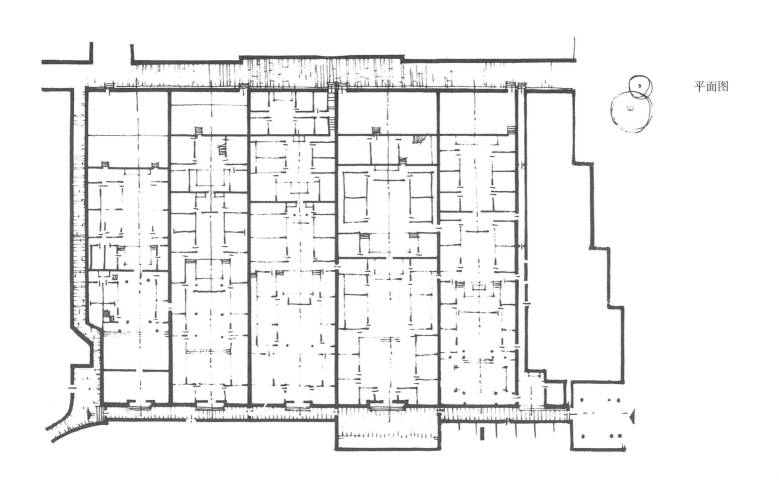

平面图

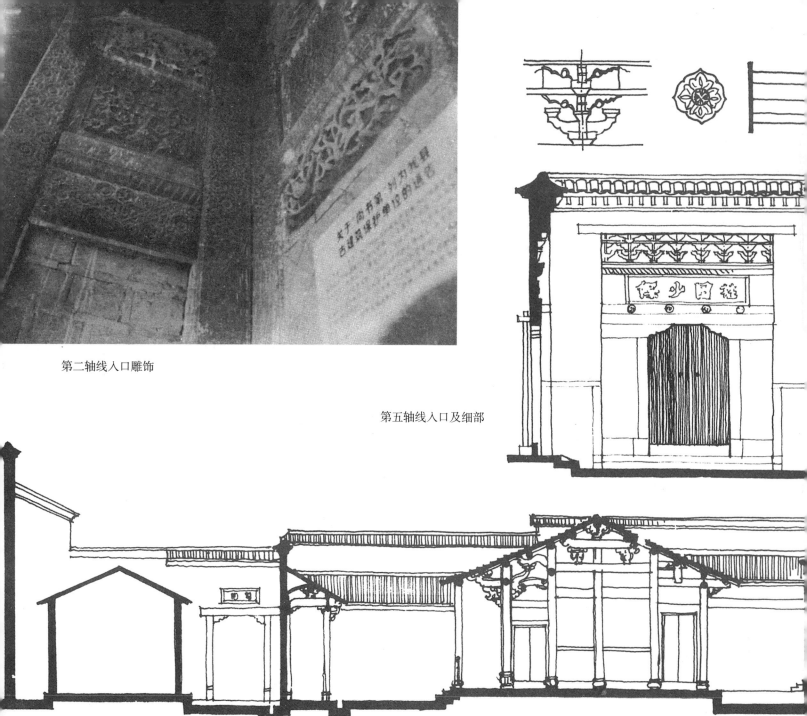

第二轴线入口雕饰

第五轴线入口及细部

第五轴线入口

侧入口

门簪

第二轴线入口及细部

第一轴线剖面图

柱础

庭院

远景图

侧立面图

三明莘口陈宅

　　陈宅建于几块不同标高的台地上，背山面河，环境秀丽。平面布局自由灵活，随地势而变化，没有一般民居中封闭的内庭院，而将建筑与自然融为一体。牲畜栏舍在主体建筑的下面，一侧为小块菜田，出门即可耕作。这种布局，分区明确，有利卫生，使用方便。

剖面图

透视图

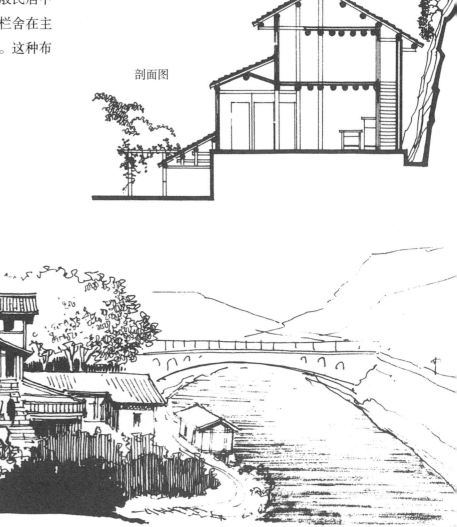

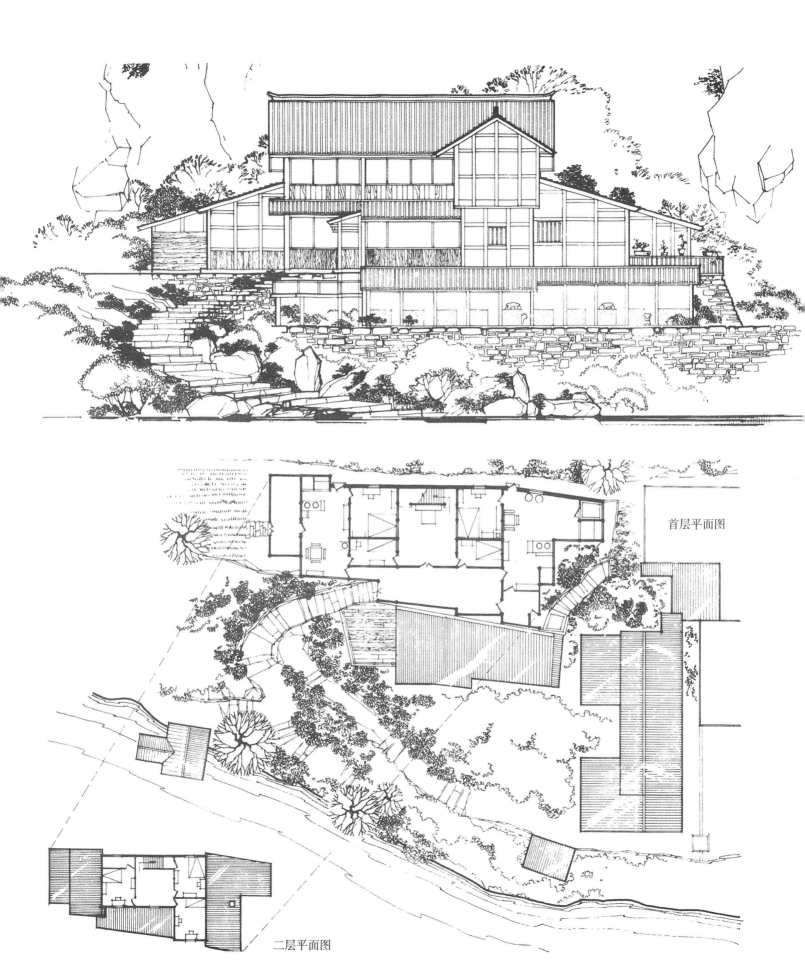

首层平面图

二层平面图

透视图

首层平面图

二层平面图

三明魏宅

　　该宅为木围护结构的建筑，是较晚期修建的民居。平面布局基本保持了传统特点，只是主庭院内没有较大的厅堂，而是分为五条三进的房屋，便于居住。在二层楼作了开敞的外廊，使外观轻巧活泼。

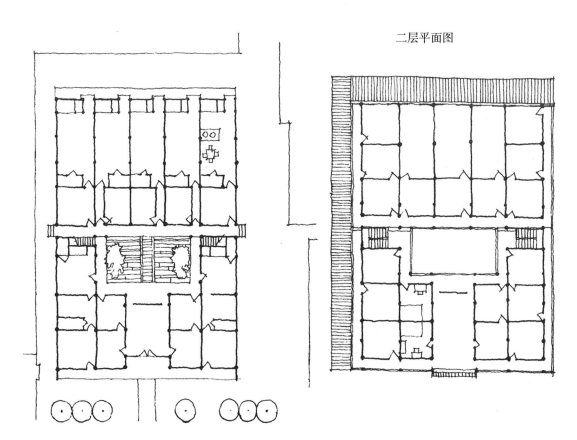

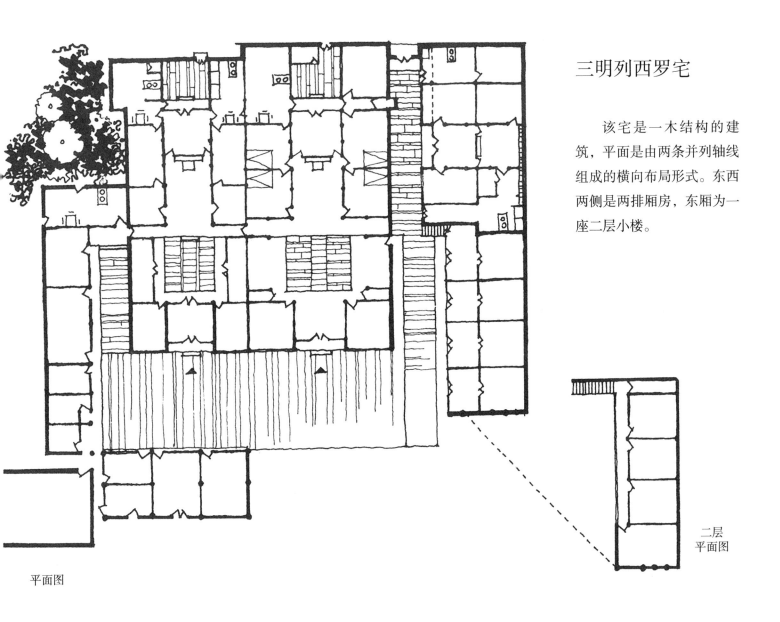

三明列西罗宅

　　该宅是一木结构的建筑，平面是由两条并列轴线组成的横向布局形式。东西两侧是两排厢房，东厢为一座二层小楼。

二层
平面图

平面图

剖面图

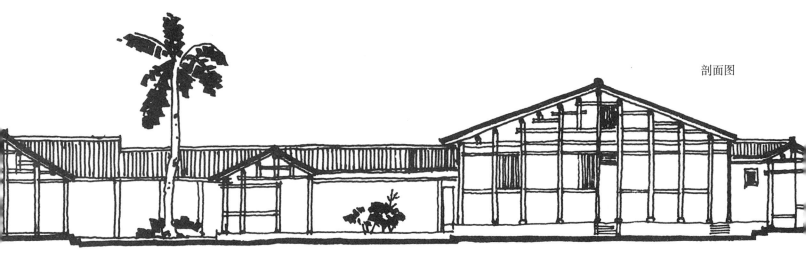

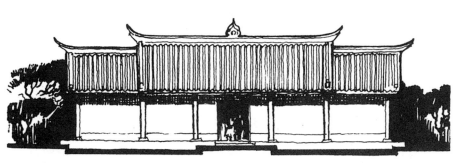

立面图

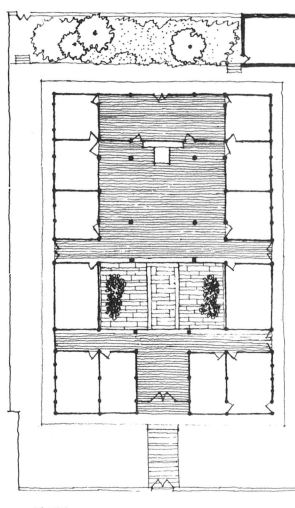

平面图

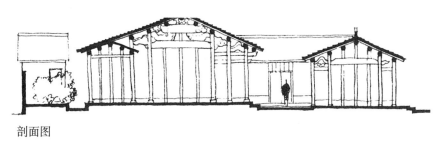

剖面图

三明列西吴宅

吴宅平面布局方整对称，厅廊及庭院都较宽敞。院内房屋全用木结构建造，梁架外露，两山有披檐。院墙低矮，整个宅院较开敞轻巧。

侧立面图

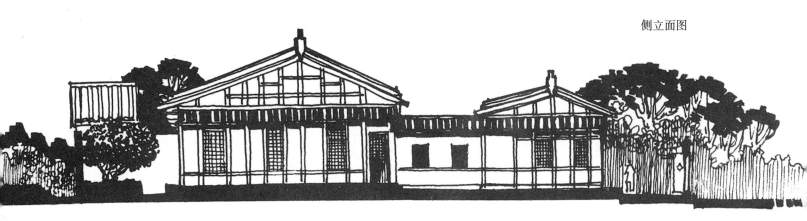

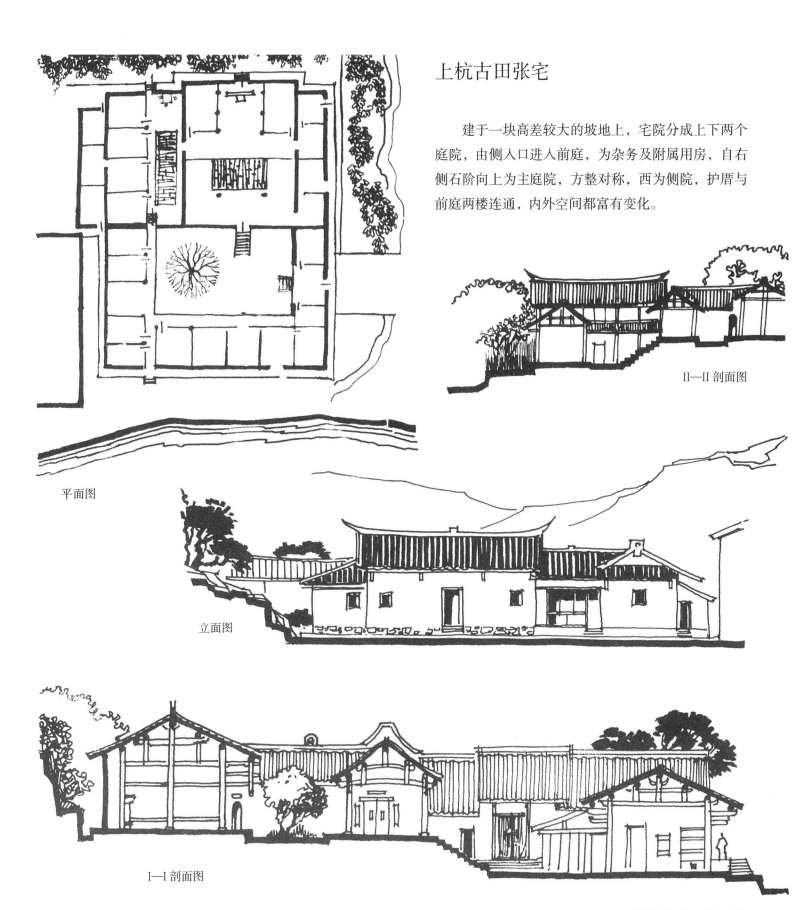

上杭古田张宅

　　建于一块高差较大的坡地上，宅院分成上下两个庭院，由侧入口进入前庭，为杂务及附属用房，自右侧石阶向上为主庭院，方整对称，西为侧院，护厝与前庭两楼连通，内外空间都富有变化。

II—II 剖面图

平面图

立面图

I—I 剖面图

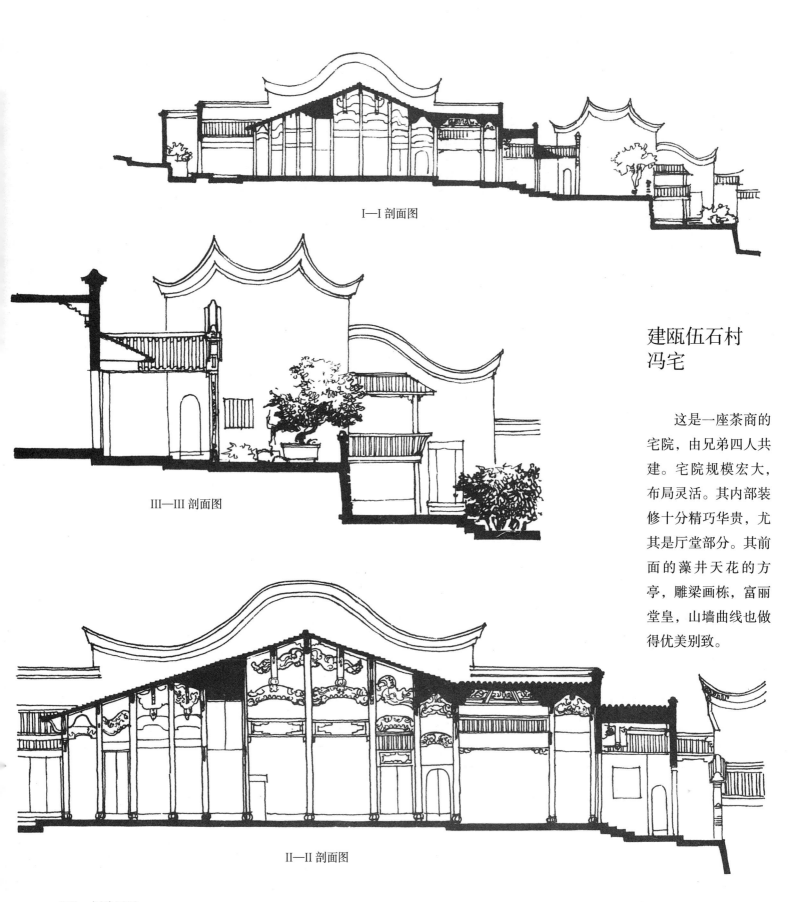

I—I 剖面图

III—III 剖面图

建瓯伍石村
冯宅

　　这是一座茶商的
宅院，由兄弟四人共
建。宅院规模宏大，
布局灵活。其内部装
修十分精巧华贵，尤
其是厅堂部分。其前
面的藻井天花的方
亭，雕梁画栋，富丽
堂皇，山墙曲线也做
得优美别致。

II—II 剖面图

外观

平面图

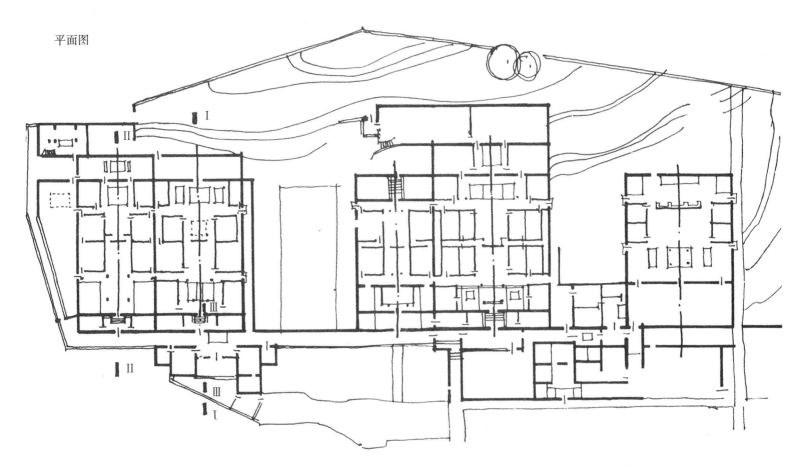

屋顶一角

厅堂木装修

厅堂木石装修

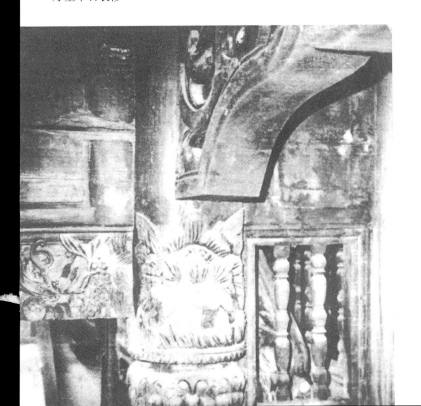

入口匾额

建瓯朱宅

朱宅的平面布局属闽北典型形式。建瓯地区常将书厅置于宅院西侧,下廊供学生休息用,后廊则为先生休息的地方。朱宅能充分利用坡顶上部空间,供贮物或居住。

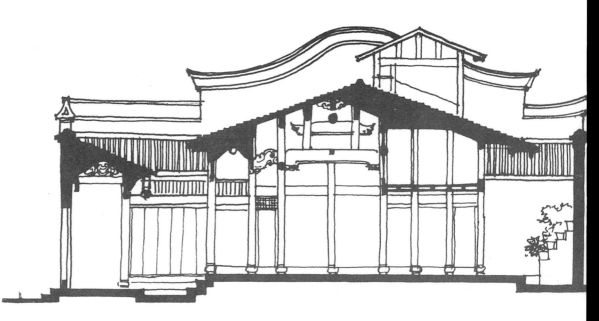

剖面图

门隔扇

后侧庭

首层平面图

书庭一角

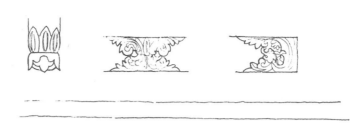

书庭透视图

门隔扇（二图）

书庭平面

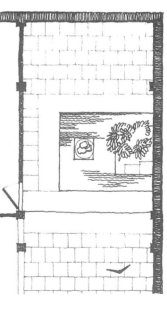

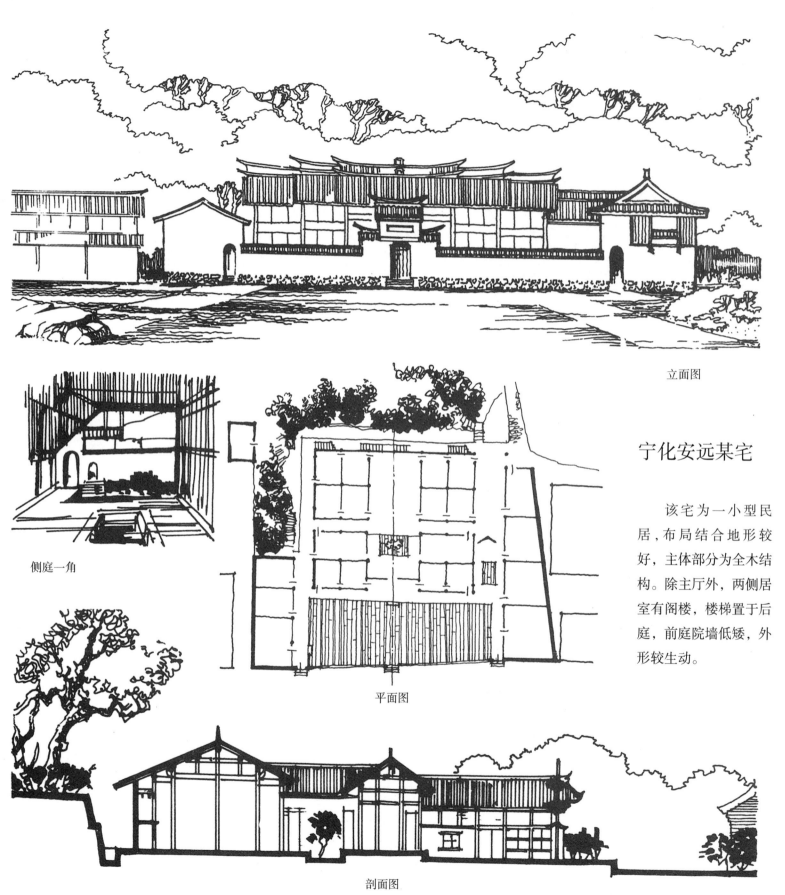

立面图

侧庭一角

平面图

剖面图

宁化安远某宅

该宅为一小型民居，布局结合地形较好，主体部分为全木结构。除主厅外，两侧居室有阁楼，楼梯置于后庭，前庭院墙低矮，外形较生动。

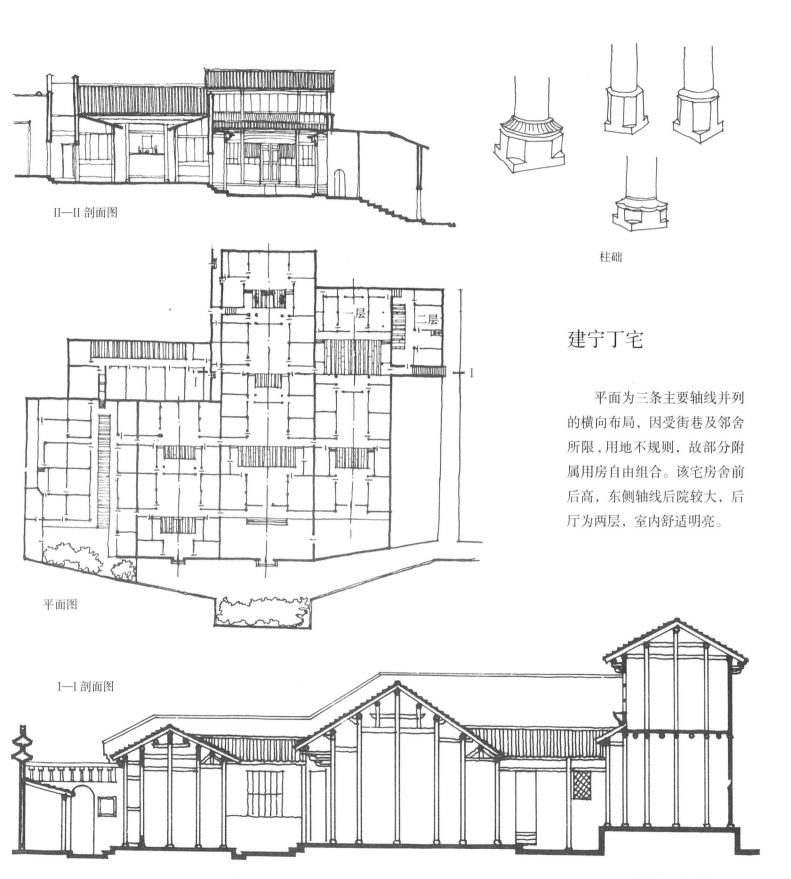

II—II 剖面图

柱础

建宁丁宅

平面图

平面为三条主要轴线并列
的横向布局，因受街巷及邻舍
所限，用地不规则，故部分附
属用房自由组合。该宅房舍前
后高，东侧轴线后院较大，后
厅为两层，室内舒适明亮。

一层 二层

I—I 剖面图

透视

古田松台某宅

　　该宅采用了古田地区大型民居的典型布局形式。主厅堂居中，体形最大，居室分设左右，后部为后庭次要居室及厨房等。土筑墙环绕四周，木框架为独立承重体系。考虑到山区安全，该宅还设有两座炮楼，屹立在入口两侧。

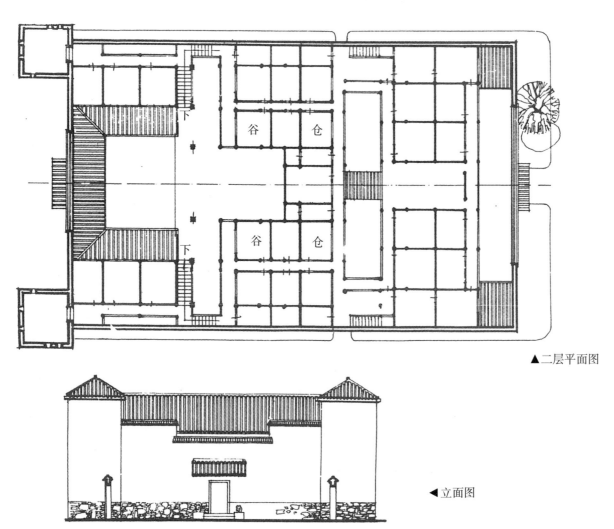

谷　仓

谷　仓

下

下

▲二层平面图

◀立面图

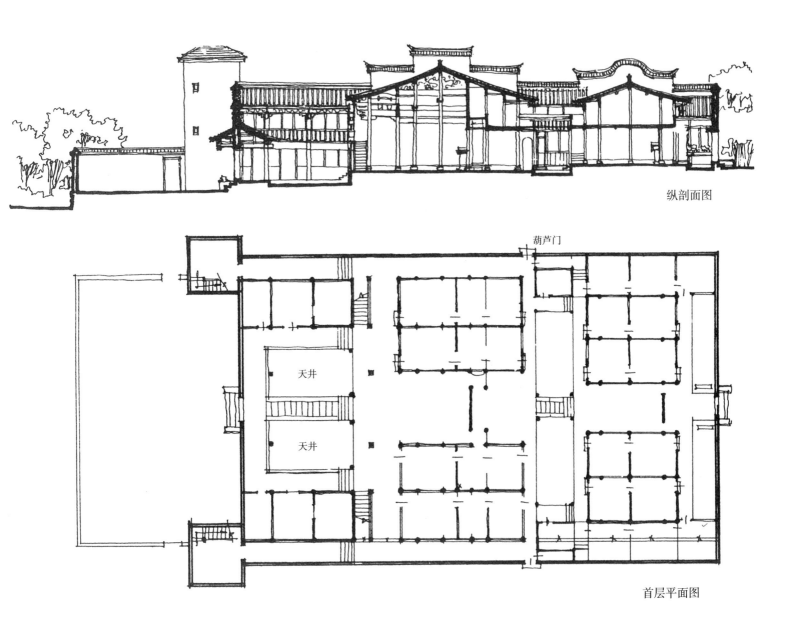

纵剖面图

葫芦门

天井

天井

首层平面图

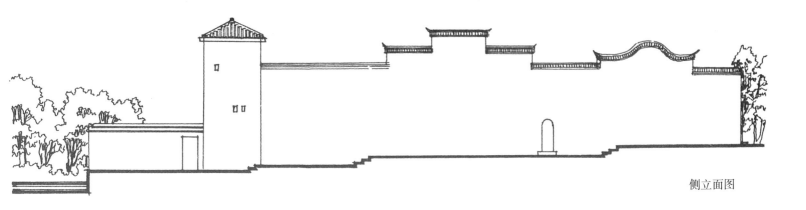

侧立面图

古田张宅

张宅为三进二层楼房，纵向可分为三段。前段为入口处，由门廊引入，门廊两侧是两个小庭园；中段为主体建筑，布局较为严谨对称，分左、中、右三趟并列，以防火墙相隔，每趟均分前后庭；后段布局较自由，其主要建筑为两层带挑廊的楼房，两侧则为自由布局的庭园。

张宅规模宏大，且主次分明，起伏有致，空间也异常丰富多变。

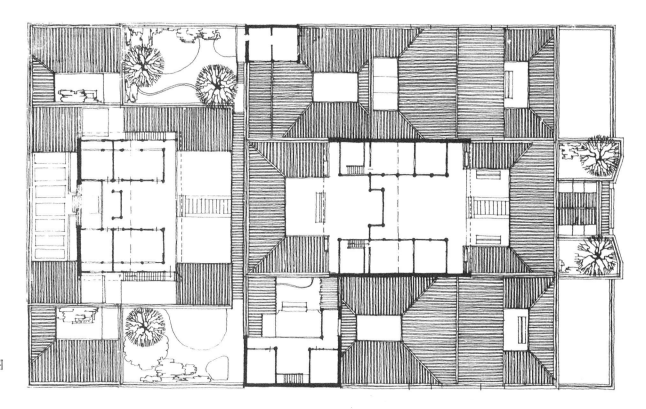

二层平面图

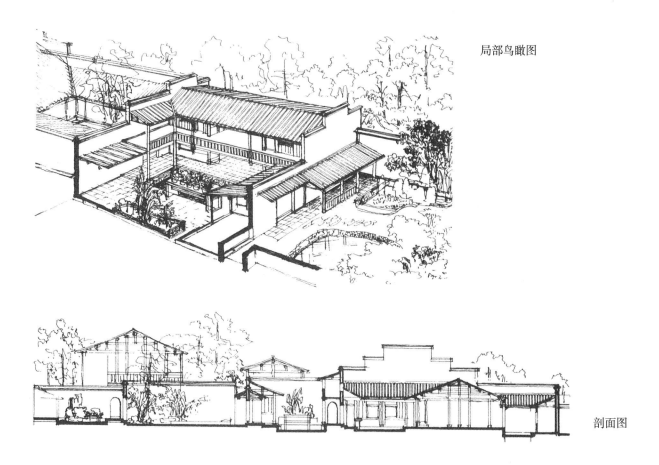

局部鸟瞰图

剖面图

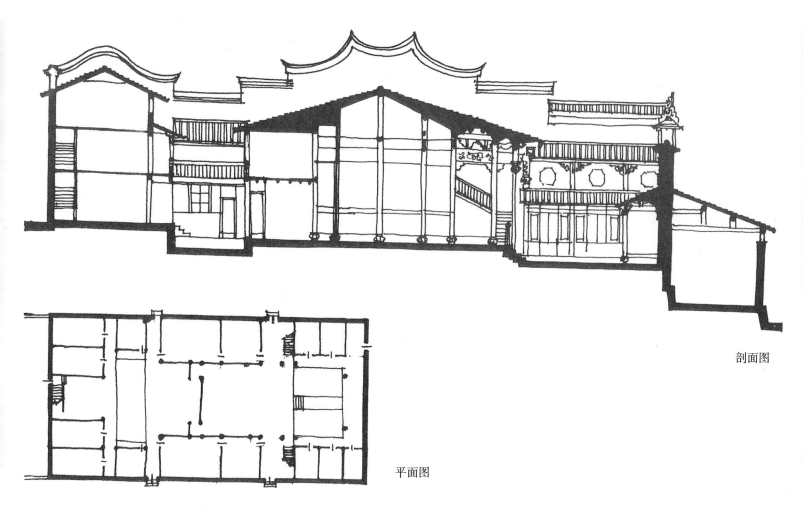

剖面图

平面图

古田利洋花厝

　　该宅主要特点是装饰华丽，如内外檐的砖雕、木雕等，尤其前庭部分更为突出，连家具陈设也都精雕细刻。

屋檐装饰

木装饰（五图）

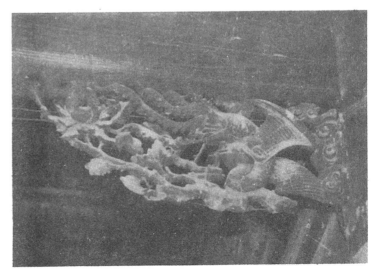

隔扇木雕饰

▲ 墙檐雕饰 ▼

▲ 屋脊雕饰 ▼

厅堂家具

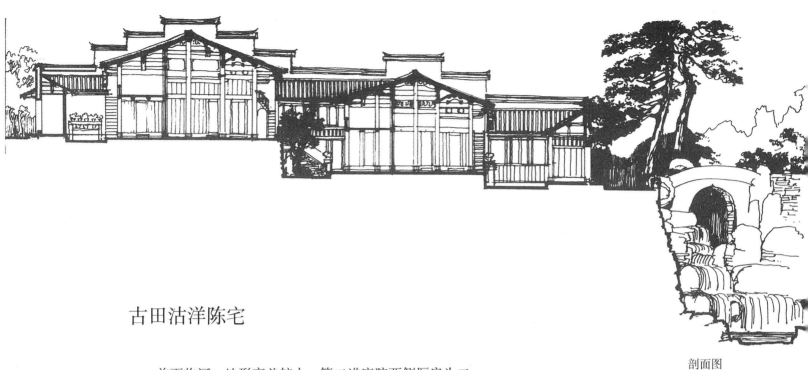

剖面图

古田沽洋陈宅

　　前面临河，地形高差较大，第二进庭院西侧厢房为二层楼，其地平与后厅相同，院内有室外台阶联系上下，空间层次较丰富。

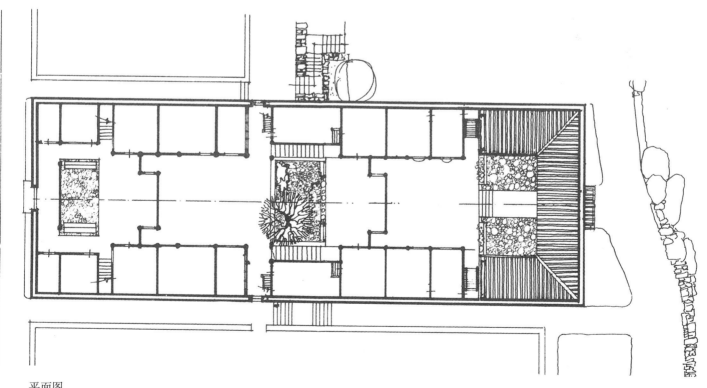

平面图

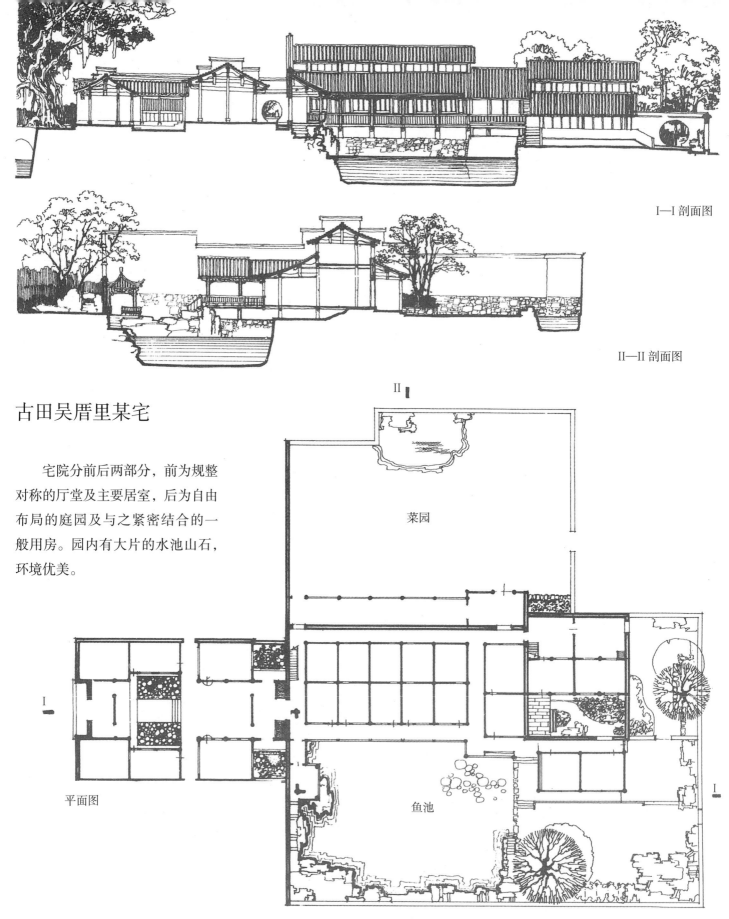

I—I 剖面图

II—II 剖面图

古田吴厝里某宅

宅院分前后两部分，前为规整对称的厅堂及主要居室，后为自由布局的庭园及与之紧密结合的一般用房。园内有大片的水池山石，环境优美。

菜园

平面图

鱼池

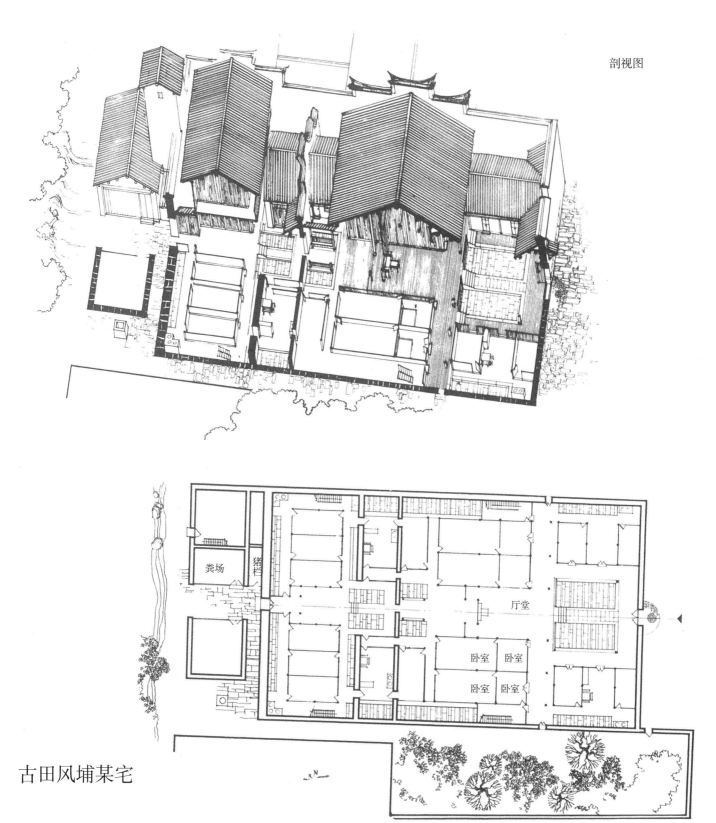

粪场

猪栏

厅堂

卧室　卧室

卧室　卧室

古田风埔某宅

　　此宅的平面布局是古田地区常见的形式。该宅的特点
在于中间加有两道土筑防火墙，宅后建有炮楼一座。

平面图

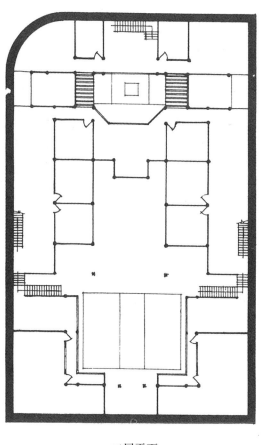

古田于宅

　　于宅采用了古田地区典型的平面布局形式，其他特点是：厅堂高大，其他房舍多为两层楼房，但层高较低，外墙为厚重的土筑墙。

首层平面

二层平面

屋顶平面图

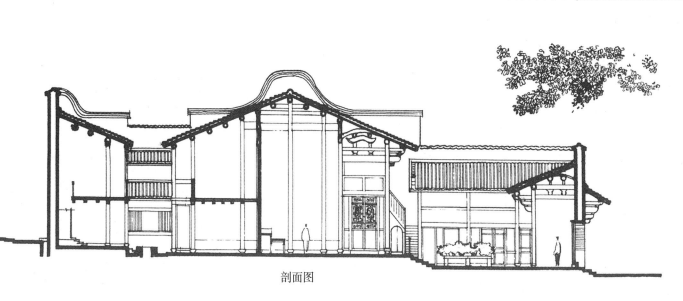

剖面图

主庭院透视

主厅堂

后庭院

主庭一角

侧立面图

福安茜洋
桥头民居

福安民居多为悬
山屋顶，梁架外露，两
山都有披檐，外观较为
丰富，该宅入口位于一
角，前庭由于地形影响
呈狭长的不规则形状，
进入主庭的入口，也不
在主轴线上。

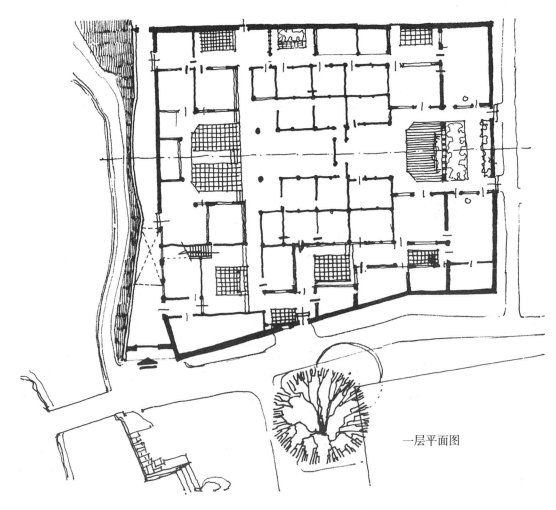

一层平面图

侧面外观

入口外观

透视图

福安民居

　　福安民居外观特点鲜明，外墙虽为土筑，但院内主要建筑多高出院墙，屋顶为悬山，两山梁架外露，附有披檐，整个宅院组群的外部轮廓很富变化。

入口外观

侧面外观

福安坡地民居之一

由于地形的限制，坡地民居一般规模较小，除主厅外，其他附属用房布局自由，外部造型也很有变化。

外观

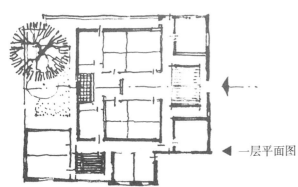

◀ 一层平面图

▼ 侧立面图

屋顶平面图 ▲

鸟瞰图 ▶

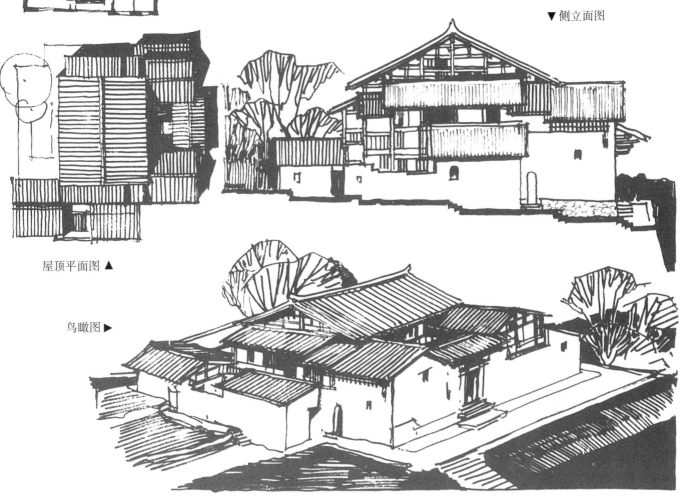

福安坡地
民居之二

透视图

外观

剖面图

平面图

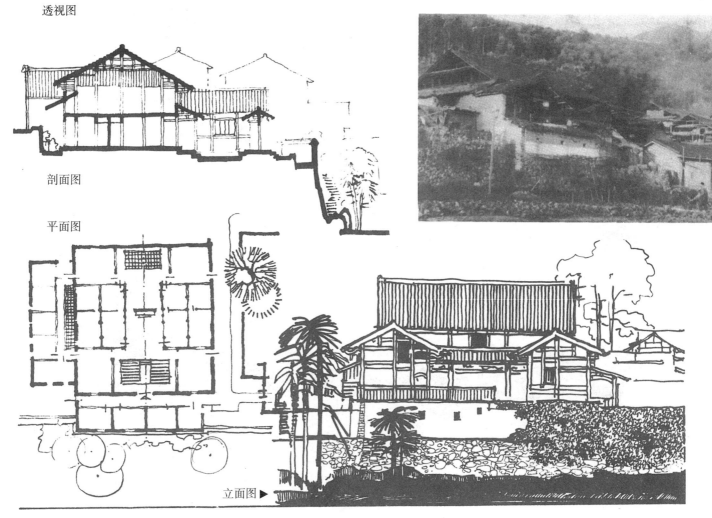

立面图▶

福安坡地民居之三

透视图

村头一角

坡地民居一组平面

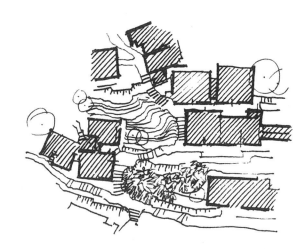

外观

外观

福安岱村民居

由于地形起伏，小型民居自由组合，与环境紧密结合，形成生动的群体景观。

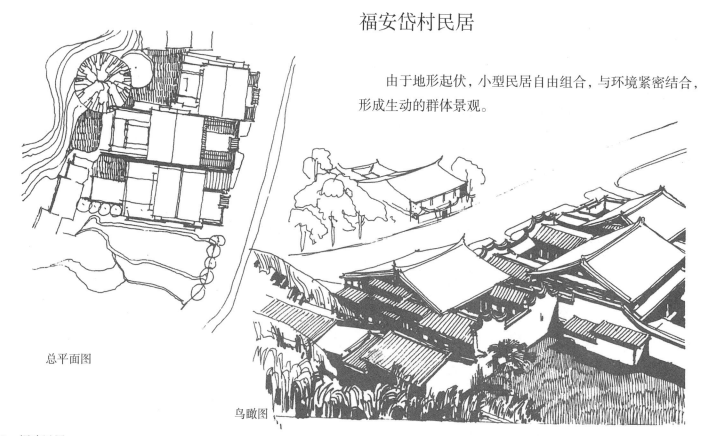

总平面图

鸟瞰图

立面图

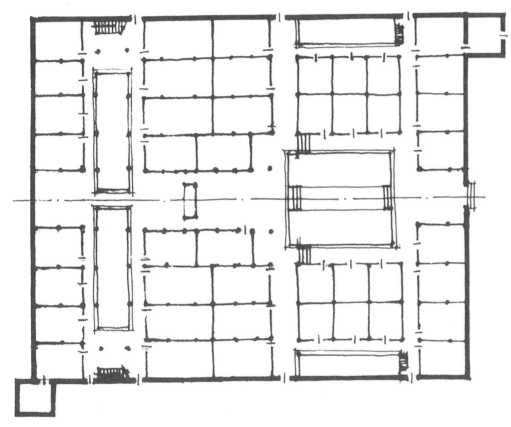

平面图

闽清东城厝

闽清民居平面布局与福州地区类似，方整对称，并以土筑外墙。该宅特点在于后庭院为横向狭长的空间，后楼为二层。弯曲的山墙轮廓线浑厚有力，两山墙并设有披檐以护墙身。

侧庭透视图

庭院

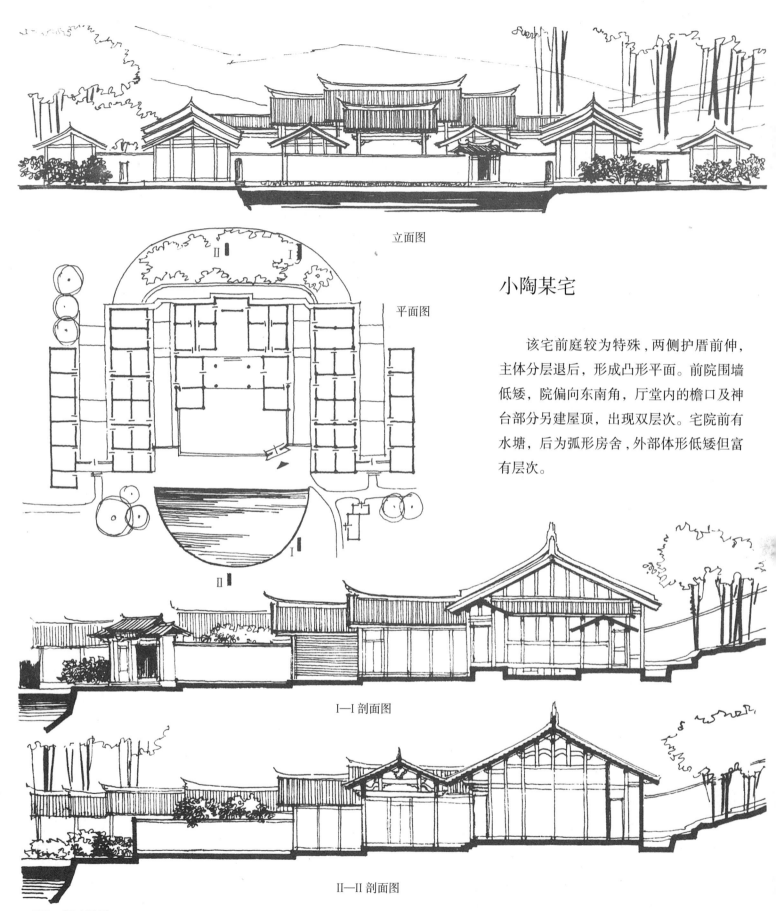

立面图

平面图

小陶某宅

该宅前庭较为特殊,两侧护厝前伸,主体分层退后,形成凸形平面。前院围墙低矮,院偏向东南角,厅堂内的檐口及神台部分另建屋顶,出现双层次。宅院前有水塘,后为弧形房舍,外部体形低矮但富有层次。

I—I 剖面图

II—II 剖面图

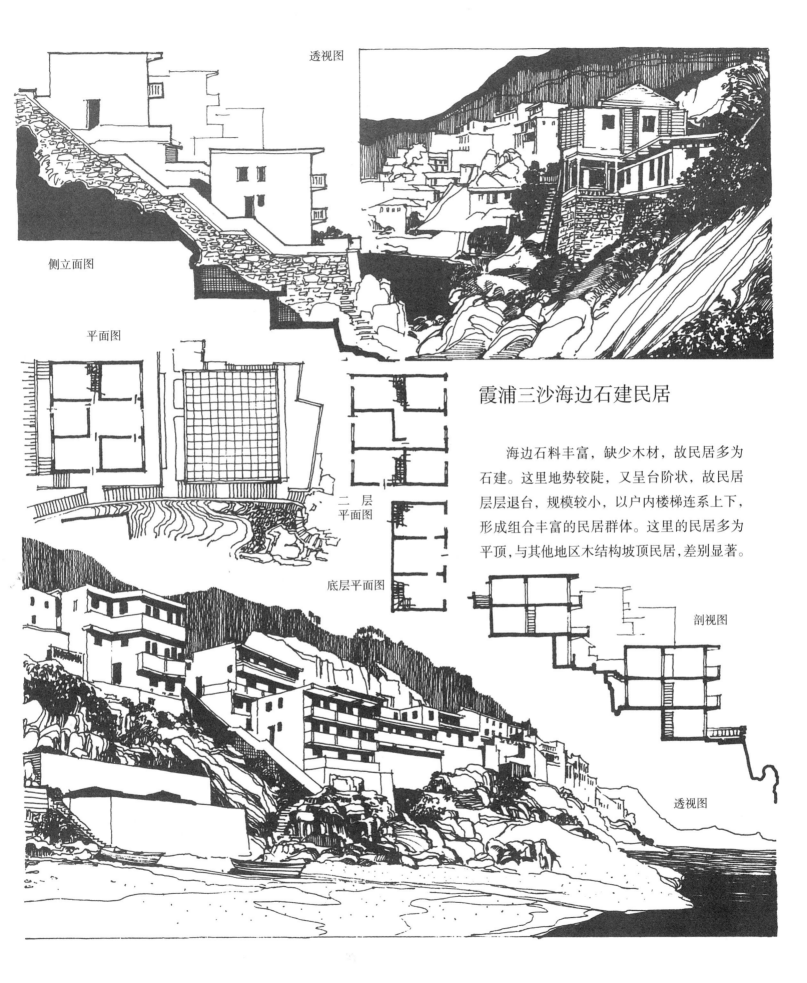

透视图

侧立面图

平面图

二层
平面图

底层平面图

剖视图

透视图

霞浦三沙海边石建民居

　　海边石料丰富，缺少木材，故民居多为石建。这里地势较陡，又呈台阶状，故民居层层退台，规模较小，以户内楼梯连系上下，形成组合丰富的民居群体。这里的民居多为平顶，与其他地区木结构坡顶民居，差别显著。

永定坡地民居

这组民居用地很紧，高差又很大，建筑随地形的高低、方位而变化，组群的外部造型丰富多变。

外观

侧立面图

总平面图

透视图

街景

街景

街景

平面图

古田桃溪等地村镇布局及街景

古田地处山区，民居建筑的院墙大都高大厚重，道路起伏不平，沿地势上下的引人入胜的山墙曲线和多姿的门楼，形成了自然、幽静的山村街巷。

街景

长汀沿河民居外观

此类民居多为小型木构，一边临街为店铺，一边临水。内部多建有阁楼，外部的高层向水悬挑，空间利用很充分，还美化了沿河的景观。

涵江一条河

民居沿一条弯弯曲曲的河流而建，向阳的一侧宅前为石铺小路，背阴一侧临河。建筑高低起伏，偶有架空的骑楼或悬挑的栏廊。两岸以过街楼或小桥联系，街巷空间或宽或窄，弯曲变化，优美生动。

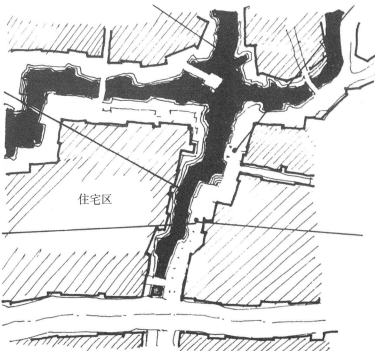

住宅区

◀大街

小巷

涵江旧街

涵江旧街随地形而弯曲。沿街建筑，多为前店后宅的民居，并以二、三层为主，楼房层层出挑，屋顶错落起伏，使街景富有变化。

街道

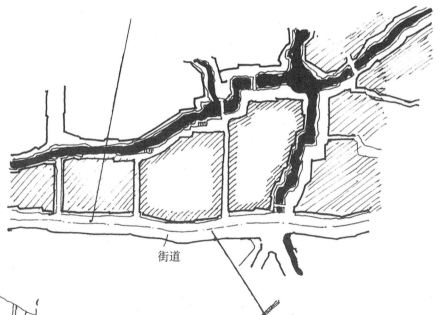

旧街

透视图

平面图

外观

古田坡地民居

　　该组民居属于随标高变化较大的坡地布置。宅院外墙为土筑墙，但时有吊脚楼式挑出的木屋，材料质感对比强烈，再加上各种变化的山墙曲线，组成了相当丰富的群体轮廓。

结　语

　　福建民居作为我国传统民居的一个组成部分，反映了我国传统民居建筑的多姿多彩、绚丽夺目的面貌。

　　传统民居贵在优良的传统，它是当地人民智慧的结晶，在长期的历史实践中，通过对传统的继承和扬弃、对外地经验的吸收和借鉴，逐步形成了适应当地经济水平、自然条件、生活习惯，反映当地历史、社会和文化状况的民居建筑。这就是传统民居所以能够世代相沿，经久不衰以致在新建民居时仍然沿袭的原因。

　　研究传统建筑，无论从历史的角度，还是从现实的角度，都是十分有意义的。前者，就是要了解其发展状况，总结出其发展规律。后者，就是要在创作新的建筑时，不为旧的传统束缚，并能从中吸取营养，创造出适应当地环境和社会状况，具有地区特色和时代精神的新建筑。

　　历史传统在建筑界历来受到极大的重视，只在20世纪初到50年代末的一段时期中，由于新材料、新技术、新结构的大量出现，国际式的"现代建筑"曾一度风靡全球，开创了一个建筑的新时代。在当时"传统"被作为陈腐和保守的概念而受到忽视。但是，进入20世纪80年代以来，"传统"的概念又再度受到建筑界的极大重视。特别是在一些工业发达的国家，林立的摩天大楼和到处充斥着的光光的方盒子，这种"现代建筑"受到严厉的批判。许多新崛起的建筑师提出，建筑必须具有地方性，工艺技术的发展不应排除地区的文化传统，反对不讲地区条件的世界建筑，单一的国际式和光光的方盒子被认为是对人的冷酷无情。许多建筑师明确提出建筑要面向群众，重视建筑的适应性、传统性和人情味，认为革新的乡土建筑才是当代建筑师应当探求的方向。这种主张已越来越受到公众的广泛欢迎和世界各国的普遍重视。

　　目前，我国正处在急速推进四个现代化的关键时期，新建筑正在如雨后春笋般的涌现。我们的建筑创作正面临着一个向何处去的课题。原封不动的传统建筑，包括传统民居在内，已不能适应新形势的要求，必将随着社会经济的发展、技术水平的提高、材料的更新，而被新的、现代化的建筑所代替。但新的住宅，尤其是乡镇住宅，应吸取世界发达国家建设中的经验教训，避免他们已经发现的弊端，防止重蹈他们的覆辙，努力开创自己的新路。应当认真总结前人的经验，吸收传统民居的营养，创造出自己独特的、带有地方特色、乡土风韵的民居建筑。这正是我们研究传统民居的目的。

就福建民居而言，我们认为至少在以下几个方面是值得认真总结和参考借鉴的。

（一）街区组织和村落与自然环境相协调。福建省内依山就势、紧密结合地形、建筑与自然融为一体、具有地方特色和田园风味的街区和村落，比比皆是。

城镇中幽静古朴的深街密巷，将居住与商业等公共活动场所分开，有利于组织成安静的生活环境。山村中顺坡而起或沿河而建的庭院、吊脚楼以及密集式民居，组合而成的群体村落，既少占农田，也具有浓郁的生活气息。对于一些尚存有塔、庙、寺、观、名人故居以及优秀传统民居的城镇、乡村，更应当注意保护文物古迹及其环境气氛。

在村镇建设中，应反对盲目照搬大城市建设的经验，一味追求高楼房、宽马路，那种人为地将起伏的地形削平，将蜿蜒的小径取直，不论漠北、岭南、城市、乡村，一概以一条笔直的大道横贯村镇，使千篇一律的建筑沿街而立，形成单调乏味的局面，实在是不可取的。

（二）充分利用当地材料，吸取传统营建手法，建造具有乡土气息的新民居。福建民居大都就地取材，砖、石、土、木建筑各尽其妙，即使采用同一材料，在不同地区之间手法也不相同，形成具有明显差别的民居。在一个省区内，就能呈现如此丰富的状况，我国幅员广大，在辽阔的九百六十万平方公里的土地上，其多姿多彩的面貌更可想而知了。

随着新材料、新技术的发展，某些原始的材料和适应这些材料的营建手法固然会被逐渐淘汰，但由于自然环境、生活习俗、历史传统的差异而形成的地方风格，仍应当予以重视。

目前，在高度工业化的美国，带有某些传统特色的砖木结构的小住宅，尚且受到广大公众的喜爱，而我国一方面地方建筑材料十分丰富，另一方面现代化的建筑材料工业还处于逐步发展的状况，到处供不应求。因此，就地取材，吸收传统民居中的某些手法，创造带有当地传统特色的新住宅，无疑是我们今后建造新的住宅建筑时的重要原则。

（三）组织各种不同情趣的庭院空间，改善住宅建筑内部气氛。福建民居中的小型庭院，典雅而富有情趣，较好地满足了居住建筑中不同功能的要求。这对于村镇住宅尤为重要。一方面村镇住宅，以家庭为单位，存在多种不同功能的要求，如起居、睡眠、炊、洗、学习，以致农务、饲养家畜等等。需要妥善组织、综合考虑，以大小不同、情趣不同的庭院进行群体组合，以满足使用上的动与静、内与外的不同要求，创造出丰富多彩的生活环境。另一方面，与大城市相比，村镇用地也相对宽敞一些，适于建造低层住宅，这也为组织庭院提供了有利的条件。

这种内向的庭院，其实已逐渐被用于其他建筑类型，如旅馆、饭店、展览馆、文化馆等等，使这些建筑的内部空间别具情趣，深受群众欢迎。

（四）以开敞的厅堂为中心组织房舍，对于湿热气候下的南方住宅，可以作为设计时的借鉴。南方多雨而闷热，户外活动是居住建筑中一项十分重要的功能要求，虽然目前祭祀、供神活动已降到极其次要的地位，或正趋消失，但起居、待客、就餐及家务劳动、生产操作，仍然以开敞的厅堂最为适用，不少农村新建住宅时就是以厅堂为中心组织院落的，如福州杨岐游宅，是民国时期所建造的，主厅堂内的屏风已由神龛的形式改作雕花玻璃隔断，既不失庄重的气氛，又新颖明快。目前一些新建的农村住宅，与旧的传统民居相比，虽已有很大变化，某些华侨住宅已是中西合璧的产物，通风采光都有了很大的改善，宽敞的凉台或悬挑或外露，但高大的厅堂仍形成住宅的核心。这种新民居既舒适合用，又很富于传统特色。

开敞的厅堂，即使在城市型住宅中，也可以被采用，不少南方地区已有尝试，这可以成为一个探讨的课题。

（五）繁简有致的细部处理，可以丰富和美化民居的内外环境。福建民居中某些雕梁画栋式的繁琐装饰，虽然技艺水平很高，但已不为一般住宅所采用。而有许多其他的细部处理手法，却仍然是值得吸取和借鉴的。

比如灰砖青瓦的宅院，装点着一座座精致的门楼，朴素中带有俊秀，平淡中出现了变化，既突出了宅院入口，又美化了村镇街景。那些白粉墙面上镶嵌着的小巧的镂空花窗，墙顶上覆盖着的精美的人字封檐，都显得亲切而高雅。此外如层层跌落、舒展自由的马头山墙处理，高低起伏、优美动人的屋顶轮廓，给民居建筑的外观增添了风采。此外如材料的色彩、质感的对比，形体的大小、虚实、繁简的对比等方面成功的手法，在我国民居建筑中不胜枚举，只是福建民居又具有自己的特色而已。

传统民居之可贵，还在于它随着建筑事业的飞速发展以及人们对它的忽视，而数量越来越少。大中城市中传统民居几乎拆除殆尽，乡村中也正面临逐步消失的危机。当然，古的并非一切都好，保留一切古建筑也并非必要，但为了吸收传统民居中的精华，以便继往开来，收集整理各地传统民居的资料，保留和改造一些典型的、优秀的实例，实属当前建筑界一项十分重要的任务。在此，献上《福建民居》一书，愿以实际行动与同行共勉。

参考文献

刘敦桢.中国住宅概说.

刘敦桢.中国古代建筑史.

张步骞.闽西永定客家住宅.

福建日报社.八闽纵横一、二集.

政协福州市委员会文史资料组.福州地方志上、下.

狄瑞德,华昌林.台湾传统建筑之勘察.

国家文物事业管理局主编.中国名胜词典.

编后语

　　中国民居建筑历史传统悠久，在漫长的发展过程中，受地域、气候、环境、经济的发展和生活的变化等因素的影响，形成了各具风格的村镇布局和民居类型，并积累了丰富的修建经验和设计手法。

　　中华人民共和国成立后，我国建筑专家将历史建筑研究的着眼点从"官式"建筑转向民居的调查研究，开始在各地开启民居调查工作，并对民居的优秀、典型的实例和处理手法做了细致的观察和记录。在20世纪80年代～90年代，我社将中国民居专家聚拢在一起，由我社杨谷生副总编负责策划组织工作，各地民居专家对比较具有代表性的十个地区民居进行详尽的考察、记录和整理，经过前期资料的积累和后期的增加、补充，出版了我国第一套民居系列图书。其内容详实、测绘精细，从村镇布局、建筑与地形的结合、平面与空间的处理、体型面貌、建筑构架、装饰及细部、民居实例等不同的层面进行详尽整理，从民居营建技术的角度系统而专业地呈现了中国民居的显著特点，成为我国首批出版的传统民居调研成果。丛书从组织策划到封面设计、书籍装帧、插画设计、封面题字等均为出版和建筑领域的专家，是大家智慧之集成。该套书一经出版便得到了建筑领域的高度认可，并在当时获得了全国优秀科技图书一等奖。

　　此套民居图书的首次出版，可以说影响了一代人，其作者均来自各地建筑设计研究机构，他们不但是民居建筑研究专家，也是画家、艺术家。他们具备厚重的建筑专业知识和扎实的绘图功底，是新中国第一代民居专家，并在此后培养了无数新生力量，为中国民居的研究领域做出了重大的贡献。当时的作者较多已经成为当今民居领域的研究专家，如傅熹年、陆元鼎、孙大章、陆琦等都参与了该套书的调研和编写工作。

　　我国改革开放以来，我国的城市化建设发生了重大的飞跃，尤其是进入21世纪，城市化的快速发展波及祖国各地。为了追随快速发展的现代化建设，同时也随着广大人民生活水平的提高，群众迫切地需要改善居住条件，较多的传统民居建筑已经在现代化的普及中逐渐消亡。取而代之的是四处林立的冰冷的混凝土建筑。祖国千百年来的民居营建技艺也随着建筑的消亡而逐渐失传。较多的专家都感悟到：由于保护的不善、人们的不重视和过度的追求现代化等原因，很多的传统民居实体已不存在，或者只留下了残破的墙体或者地基，同时对于传统民居类型的确定和梳理也产生了较大的困难。

适逢国家对中国历史遗存建筑的保护和重视，结合近几年国家下发的各种规划性政策文件，尤其是在"十九大"报告和国家颁布的各种政策中，均强调要实施乡村振兴战略，实施中华优秀传统文化发展工程。由此，我们清楚地认识到，中国传统建筑文化在当今的建筑可持续发展中具有十分重要的作用，它的传承和发展是一项长期且可持续的工程。作为出版传媒单位，我们有必要将中国优秀的建筑文化传承下去。尤其在当下，乡村复兴逐渐成为乡村振兴战略的一部分，如何避免千篇一律的城市化发展，如何建设符合当地生态系统，尊重自然、人文、社会环境的民居建筑，不但是建筑师需要考虑的问题，也是我们建筑文化传播者需要去挖掘、传播的首要事情。

因此，我社计划将这套已属绝版的图书进行重新整理出版，使整套民居建筑专家的第一手民居测绘资料，以一种新的面貌呈现在读者面前。某些省份由于在发展的过程中区位发生了变化，故再版图书中将其中的地区图做了部分调整和精减。本套书的重新整理出版，再现了第一代民居研究专家的精细测绘和分析图纸。面对早期民居资料遗存较少的问题，为中国民居研究领域贡献了更多的参考。重新开启封存已久的首批民居研究资料，相信其定会再度掀起专业建筑测绘热潮。

传播传统建筑文化，传承传统建筑建造技艺，将无形化为有形，传统将会持续而久远地流传。

中国建筑工业出版社

2017 年 12 月

图书在版编目（CIP）数据

福建民居 / 高钤明，王乃香，陈瑜. — 北京：中国
建筑工业出版社，2017.10
（中国传统民居系列图册）
ISBN 978-7-112-21013-8

Ⅰ.①福… Ⅱ.①高…②王…③陈… Ⅲ.①民居—
建筑艺术—福建省—图集 Ⅳ.① TU241.5-64

中国版本图书馆CIP数据核字（2017）第173937号

责任编辑：张　华　唐　旭　孙　硕　李东禧
封面设计：王　显　高钤明
封面题字：冯彝诤
版式设计：宋长静
责任校对：焦　乐　姜小莲

　　由于自然条件的变化和历史背景的不同，福建传统民居建筑呈现出不同
的布局特点和多姿多彩的面貌。本书对其布局形式、群体组合、空间处理、
结构构造、装饰处理等都有论述，并附有大量实例，可供建筑专业人员、院
校师生及文化、历史、艺术工作者阅读。

中国传统民居系列图册
福建民居

高钤明　王乃香　陈　瑜
*
中国建筑工业出版社出版、发行（北京海淀三里河路9号）
各地新华书店、建筑书店经销
北京京点图文设计有限公司制版
北京中科印刷有限公司印刷
*
开本：787×1092毫米　1/12　印张：25⅓　插页：1　字数：452千字
2018年1月第一版　2018年1月第一次印刷
定价：88.00元
ISBN 978-7-112-21013-8
　　　（30632）